# TERRITÓRIOS ALTERNATIVOS

Rogério Haesbaert

# TERRITÓRIOS ALTERNATIVOS

*Foto de capa*
Deserto do Saara, Marrocos
(Rogério Haesbaert)

*Editoração eletrônica*
Camilla Pinheiro
Vívian Macedo

*Revisão*
Taís Monteiro
Sônia Peçanha
Renata Castanho

Dados Internacionais de Catalogação na Publicação (CIP)
(Câmara Brasileira do Livro, SP, Brasil)

H324 Haesbaert, Rogério
Territórios alternativos / Rogério Haesbaert. –
3. ed., 3ª reimpressão. – São Paulo: Contexto, 2025.
186 p.: il. ; 21 cm.

ISBN 978-85-7244-202-2
Bibliografia p. 173.

1. Geografia. 2. Ocupação territorial I. Haesbaert, Rogério.

CDD-910

2025

EDITORA CONTEXTO
Diretor editorial: *Jaime Pinsky*

Rua Dr. José Elias, 520 – Alto da Lapa
05083-030 – São Paulo – SP
PABX: (11) 3832 5838
contato@editoracontexto.com.br
www.editoracontexto.com.br

Àqueles que batalham não só por uma alternativa maior, do território solidário, igualitário e autônomo para todos, mas também pelas alternativas "menores", os territórios das diferenças de cada um de nós.

# SUMÁRIO

## APRESENTAÇÃO

A presente coletânea é produto de nossa trajetória pelas sendas da Geografia, especialmente junto ao Departamento de Geografia da Universidade Federal Fluminense – UFF, na década de 1987 até 1998, e envolve o debate cada vez mais transdisciplinar nas questões relativas ao território. Seus artigos compõem, assim, um quadro de discussões em torno do espaço geográfico e do território em suas múltiplas dimensões.

Cabe, logo de início, agradecer a todos os companheiros de jornada, em especial àqueles colegas que tornaram o cotidiano desses dez anos no Departamento de Geografia muito mais estimulante, como Jorge Luiz Barbosa, Ivaldo Lima, Márcio de Oliveira, Ruy Moreira e Carlos Walter Gonçalves. Fora da UFF, o contato com amigos como João Rua (autor da entrevista aqui reproduzida), Maurício Abreu, Paulo César Gomes (coautor de um artigo) e Marcelo de Souza ajudaram a reelaborar algumas de nossas ideias.

O livro inicia com três artigos que tratam a temática da modernidade/pós-modernidade. O primeiro é uma introdução filosófica e sobre a inserção da Geografia nesse debate; o segundo mapeia as grandes controvérsias teóricas que envolvem as múltiplas leituras do moderno e do pós-moderno, enquanto o terceiro, escrito em parceria com Paulo César Gomes, focaliza o ambiente "moderno" por excelência, o espaço metropolitano.

A seguir, ingressamos na discussão sobre alguns conceitos-chave da Geografia, em seu diálogo com outras ciências sociais. O primeiro desses artigos, sobre "escalas espaçotemporais", trabalha uma temática de fundamental importância para geógrafos e historiadores, e está vinculado ao nosso trabalho, ao longo de vários anos, junto à disciplina de Geo-História. O debate torna-se mais específico ao enfocarmos a noção de território: primeiro, em sua relação com as redes, um "binômio" de grande atualidade na Geografia (ao qual, em outro trabalho, acrescentamos um terceiro elemento, os "aglomerados humanos de exclusão"); depois, vinculado ao tema também muito atual das identidades culturais. Um artigo inédito focaliza ainda as questões ligadas ao discurso dos "fins", onde conceitos geográficos fundamentais como território e lugar são colocados em xeque. Levantamos aí a polêmica do entrecruzamento das noções básicas de território, região, lugar e paisagem. Fechando esta coletânea, aparece uma entrevista originalmente publicada na revista *GeoUERJ*, conduzida pelo professor João Rua, e que descreve, de maneira bastante pessoal, um pouco da nossa trajetória acadêmica e, em grande parte, de vida.

O texto inicial, um pequeno artigo publicado no Caderno Ideias do *Jornal do Brasil* em 1987, e que dá título ao livro, é uma introdução que, juntamente com o primeiro artigo, "Filosofia, Geografia e crise da Modernidade", publicado originalmente na revista *Terra Livre*, em 1990, já apontava para algumas rupturas na discussão teórica que começava a se travar na Geografia, dentro dos primeiros posicionamentos críticos frente ao materialismo histórico (especialmente o marxismo mais ortodoxo) que marcou a Geografia brasileira nos anos 80. Ali, era destacado que as dimensões simbólica e político-disciplinar, até então relegadas a um segundo plano, na maioria dos trabalhos da chamada Geografia Crítica, deveriam ser mais valorizadas. Diante da força que essas temáticas adquiriram na Geografia contemporânea, consideramos textos que em nada perderam a sua atualidade.

Como pano de fundo teórico para a elaboração dessa crítica a um espaço unilateralmente produzido (seja pela lógica econômica do grande capital, seja, em menor escala, pela lógica político-econômica do Estado), aparece a discussão sobre a modernidade e a pós-modernidade, tanto de forma mais geral, nos capítulos "Filosofia, Geografia e crise da Modernidade" e "O espaço na modernidade" (que se situam entre os pioneiros dessa discussão na Geografia brasileira), como, de modo mais sistematizado, em "Questões da (pós) modernidade".

Trata-se, no conjunto, de compreender e analisar um espaço-território que é sempre, e ao mesmo tempo, espaço concreto, dominado, instrumento de controle e exploração, e espaço diferentemente apropriado (concreta e simbolicamente, utilizando a distinção lefebvriana entre dominação e apropriação), através do qual se produzem símbolos, identidades, enfim, uma multiplicidade de significados que operam em conjunto com funções estratégicas, variando conforme o contexto em que são construídos. Este espaço geográfico que participa ou compõe, direta e indiretamente, nossas relações cotidianas, com seus muros, fronteiras, suas infovias, suas imagens, seus fluxos, suas "rugosidades", este é o grande universo em que, aqui e ali, tímida ou mais incisivamente, procuramos desenhar nossos "territórios alternativos".

Alternativos, aqui, no sentido da crítica aos espaços hegemônicos, que se alia à esperança por uma "alternativa" que, literal e metaforicamente, permita a construção de um espaço muito mais igualitário e democrático, onde se dê a inserção dos excluídos de todos os matizes. Mas alternativos, também, no sentido de novas perspectivas teóricas para analisar o espaço dos homens que, como destacamos no último texto, superem a dicotomia entre sensibilidade e razão, experiência e representação. Tarefa muito difícil, e para a qual não temos a pretensão de elaborar respostas conclusivas. Nossa intenção é, sobretudo, a partir da sistematização de ideias, problematizar algumas de nossas certezas ou, pelo menos, ampliar a esfera do debate que, de forma saudável, tem enriquecido a Geografia e também estimulado, nesses últimos anos, o nosso diálogo com as outras ciências sociais.

## TERRITÓRIOS ALTERNATIVOS*

O filósofo francês Felix Guattari faz uma interessante distinção entre território e aquilo que ele denomina "espaço liso" (GUATTARI, 1985). Estes conceitos revelam a recente preocupação em compreender as novas e cada vez mais complexas problemáticas envolvidas nas formas com que a sociedade modela e organiza o espaço no qual se reproduz.

Para Guattari, o território envolve uma "ordem de subjetividade individual e coletiva", a possibilidade de os grupos manifestarem articulações territoriais de resistência, em contraposição ao "espaço liso", homogeneizante, imposto pela ordem social e política dominante. Embora sem desenvolver explicitamente essas ideias em relação ao espaço, com o qual a Geografia tradicionalmente trabalha, sua obra *Micropolítica – Cartografias do Desejo* (GUATTARI; ROLNIK, 1986) também desperta, já no próprio título, questões de inegável relevância para o geógrafo.

Rompendo com uma postura empobrecedora que por longa data marcou as rupturas teóricas radicais ocorridas dentro da Geografia, divisamos hoje um desejo relativamente comum do geógrafo em resgatar suas raízes e assimilar a diversidade com que o novo se manifesta, buscando, com isso, respostas mais consistentes e menos simplificadoras para as novas questões que se impõem através da ordenação do espaço e do território.

Nesse sentido, o estímulo representado por outros cientistas sociais e filósofos como Guattari introduz ou estimula problemáticas "alternativas" que a Geografia deve ajudar a resolver. Além da tradicional abordagem da organização econômica produzindo sua divisão territorial do trabalho, é preciso reconhecer que o espaço sobrepõe a esta função produtiva, e às vezes de modo ainda mais enfático, uma função político-disciplinar e simbólica. Filósofos como Foucault, Castoriadis e Baudrillard, apesar de suas divergências metodológicas, podem indicar importantes caminhos para que se desenvolva uma geografia do caráter disciplinar e/ou simbólico dos espaços.

---

* Este texto introdutório é a reprodução literal de artigo originalmente publicado no *Jornal do Brasil*, Rio de Janeiro, 21 mar. 1987. Caderno Ideias.

Afirmações como a de Mário Pontes (Caderno Ideias, *Jornal do Brasil*, 21 fev. 1987), referindo-se à "nova Geografia" como "a vedete das modernas ciências humanas", talvez ainda surpreendam muitos geógrafos. A verdade é que a Geografia, pelo menos no Brasil, ainda não está suficientemente consciente da relevância, cada vez maior, adquirida pelos processos de transformação do espaço, correndo o risco de ver outros cientistas sociais incorporarem de modo mais eficiente o seu tradicional objeto de estudo.

A importância das "rugosidades" (termo do geógrafo brasileiro Milton Santos) ou dos "constrangimentos" (na linguagem de Guattari) representada pela influência da ordem espacial no direcionamento dos processos sociais é uma evidência cada vez mais inquestionável. Todo político, inclusive, deve ter consciência, hoje, da necessidade de conhecer princípios elementares de geografia política – seja para melhor manobrar seus redutos eleitorais, seja para entender as estratégias mais amplas do jogo (geo)político.

Ao lado da corrente majoritária de geógrafos ainda engajada em torno de teorias universalizantes, simplificadoras, quase sempre, mas ainda assim dotadas de poder explicativo relevante para muitas questões (notadamente as de ordem econômica), colocam-se hoje novas exigências teóricas, capazes de responder à dinâmica múltipla e fragmentária do espaço social.

As formas de manipulação do espaço, parece claro, não jogam apenas um papel decisivo para a realização das estratégias político-econômicas dominantes. Elas podem corresponder também à base para a formulação de propostas minoritárias de convivência social e a um referencial indispensável para a articulação e/ou preservação de identidades coletivas diferenciadoras.

Assim, numa era em que uma "geofinança" (GOLDFINGER, 1986) volatiliza os espaços na mobilidade pretensamente ilimitada do capital, o espaço nem por isso perde sentido. Ao lado de uma geopolítica global das grandes corporações brotam "micropolíticas" capazes de forjar resistências menores – mas não menos relevantes –, em que territórios alternativos tentam impor sua própria ordem, ainda minoritária e anárquica, é verdade, mas talvez por isso mesmo embrião de uma nova forma de ordenação territorial que começa a ser gestada.

Guattari e Rolnik (1986, p. 56) afirmam que "o objetivo da produção da subjetividade capitalística é reduzir tudo a uma *tabula rasa*. Mas isso nem sempre é possível, mesmo nos países capitalistas desenvolvidos". Surgem, então, movimentos sociais que tentam impor suas especificidades em diferentes escalas territoriais, desde a cotidiana, no nível do bairro (os "movimentos comunitários"), até aquela que a Geografia costuma denominar de regional, para a qual Guattari (1986, p. 57) cita as "formas de subjetividade coletiva" dos movimentos regionalistas, "lutas como a do povo bretão, basco e corso".

Essa configuração de "contraespaços" dentro das ordens sociais majoritárias precisa ser analisada, seja na escala mínima das relações cotidianas, seja em escalas mais amplas, pois é neste jogo de contraposições que pode ser divisado e incentivado um novo arranjo espacial, capitaneado por uma base democrática que permita o confronto de identidades, com o florescimento permanente de uma diversidade liberadora.

# FILOSOFIA, GEOGRAFIA E CRISE DA MODERNIDADE*

O distanciamento da Geografia em relação às bases filosóficas que norteiam o processo de elaboração do conhecimento é, certamente, responsável por grande parte de nossa fragilidade em termos de uma postura crítica efetivamente transformadora. A chamada "Geografia crítica" tem contribuído nas últimas décadas (nos anos 80, para o caso brasileiro) para reverter esse quadro. Nascendo principalmente articulada ao pensamento dialético materialista, ela passou a exigir, no mínimo, um conteúdo filosófico que nos permitisse entender o significado de suas bases "materialista" e "dialética". A recente crítica à sua perspectiva materialista e objetivista (VESENTINI, 1984; HAESBAERT, 1987; SOUZA, 1988) – para alguns indicadora de uma nova "crise" no pensamento geográfico dominante, reflexo, por sua vez, da atual "crise da modernidade" – reforça ainda mais essa necessidade de discussão filosófica.

Sem nenhuma pretensão de nos tornarmos filósofos, e conscientes de nossas simplificações, muitas vezes exageradas diante do quadro complexo das grandes linhas que se apresentam como respostas à questão do conhecimento (ou do *como* conhecer), acreditamos poder contribuir, aqui, com uma discussão introdutória, de caráter antes de mais nada didático, e que sirva como referencial para a análise de outros autores (daí a bibliografia citada relativamente extensa). O objetivo básico é o de desencadear ou estimular um questionamento mais consistente sobre as bases filosóficas, nem sempre discutidas em nossos trabalhos, e sobre a chamada crise ético-social contemporânea, que tanta polêmica já gerou em outras áreas, mas que pouca repercussão teve até os anos 80 na Geografia. Trata-se, na verdade, de notas que constituem o resultado de vários debates, em que os interlocutores tiveram uma contribuição inegável para que alcançássemos esse patamar na ordenação (sempre relativa) e na síntese de nossas ideias.[1]

---

* Este capítulo reproduz artigo originalmente publicado na revista *Terra Livre*, pela Associação dos Geógrafos Brasileiros e Editora Marco Zero (São Paulo). nº 7, 1990.

[1] Ressaltaríamos, entre nossos debates, aqueles com os alunos de Metodologia da Geografia (PUC/RJ, 1987), de Geo-História (UFF), o grupo de filosofia coordenado pela Profa. Estrela Bohadana (que fez importante leitura crítica deste trabalho) e os participantes dos seminários da AGB/Porto Alegre (1987) e Colégio Pedro II (RJ, 1987). Agradeço ainda ao amigo Marcelo de Souza pela breve mas estimulante leitura dos originais.

Toda área de conhecimento que pretenda um mínimo de rigor e consistência necessita, indubitavelmente, de um domínio básico dos princípios filosóficos gerais que pautam as grandes questões humanas, colocadas e retrabalhadas, pelo menos na tradição ocidental, desde os pensadores da Grécia clássica. Ciente de sua existência e a concebendo como diferente da "natureza" ao seu redor, o homem tenta apreender o mundo nas suas múltiplas dimensões. Partindo de sua prática cotidiana, e sobre ela refletindo, ele começa a moldar distintas concepções do que é o mundo, até onde é possível conhecê-lo e de que modo isso pode ser feito.

Colocam-se, assim, duas questões fundamentais: uma, denominada "ontológica", por tratar da natureza do ser, em que o homem indaga sobre os elementos constituintes da ordem do mundo, em que a busca de respostas o conduz a estabelecer uma relação que se refere à distinção entre "espírito" (ideia, consciência) e "natureza" (matéria, "objeto"):[2] e outra, dita "gnoseológica" ou, num sentido mais estrito e atual, "epistemológica", por trás da problemática do conhecimento, ou seja, até onde a razão pode chegar ao entendimento da realidade e quais são os métodos possíveis para atingir o conhecimento. Enquanto a questão ontológica perpassa a filosofia desde os seus primórdios e a gnoseológica se funda basicamente com Platão e Aristóteles, a questão epistemológica só irá adquirir um papel central na ordem do chamado mundo moderno, quando a razão "científica" segmenta o real em dois núcleos muito distintos: o "sujeito" e o "objeto" de conhecimento.

Assim, para o filósofo Ferrater Mora (1982), a questão ontológica "o que é a realidade" esteve muitas vezes em estreita relação com a pergunta (gnoseológica) "o que é o conhecimento?", e acrescenta: "é plausível defender que só na época moderna (com vários autores renascentistas interessados no método e com Descartes, Leibniz, Locke e outros) o problema do conhecimento se converte amiúde em problema central – embora não único – do pensamento filosófico". Com Kant, "o problema do conhecimento começou a ser

[2] Lembremos que há importantes controvérsias e distinções no tempo sobre o sentido e o uso aparentemente claros de conceitos como "ideia" e "matéria", o que, dadas as limitações deste trabalho, é impossível discutirmos aqui.

objeto da 'teoria do conhecimento'", que com o pleno advento da razão no período conhecido como Iluminismo (para muitos, hoje, sinônimo de Modernidade), se afirmou como uma das disciplinas centrais da Filosofia e, com o desenvolvimento científico, acabou dando origem à atual epistemologia.[3]

## Materialismos e idealismos

A relação espírito *x* matéria, tantas vezes dicotomizada, no confronto entre a consciência, o "eu" subjetivo, e a matéria, o "ser" objetivo, resume uma questão elementar da filosofia, e que tradicionalmente delineia duas grandes e muito gerais correntes de entendimento do real: o materialismo e o idealismo – na verdade, dois "núcleos", como veremos, não mutuamente excludentes.

Admitindo-se a preponderância de um sobre o outro, coloca-se a pergunta sobre o que é primário: a consciência ou o ser, o homem (enquanto consciência) ou a natureza (enquanto matéria). O materialista responde que a natureza, a matéria, se sobrepõe ao "sujeito", ao espírito, pois este decorreria do desenvolvimento daquela. Não que a realidade obrigatoriamente se restrinja à sua dimensão material, "objetiva" (como aquilo que é externo à consciência), mas no sentido de que a matéria preexiste, dá origem e de certo modo determina a consciência humana. Nas palavras de dois materialistas famosos, "não é a consciência que determina a vida, mas a vida que determina a consciência" (MARX; ENGELS, 1986, p. 16).

Num sentido igualmente muito geral e simplificado, o idealista responderia à questão da relação consciência *x* natureza, priorizando o primeiro destes elementos. A natureza, o mundo material, seria então uma decorrência, um produto do mundo "ideal" no sentido de mundo das ideias, da consciência – seja ela a própria consciência humana, seja ela uma "ideia absoluta" ou um Deus. Nas palavras de F. Mora, "a ação mais fundamental do idealismo é tomar como ponto de partida para a reflexão filosófica não 'o mundo em torno' ou as chamadas

[3] Sobre as distintas epistemologias do nosso tempo, ver Japiassu (1986). Para o autor, por epistemologia, no sentido bem amplo do termo, podemos considerar "o estudo metódico e reflexivo do saber, de sua organização, de sua formação, de seu funcionamento e de seus produtos intelectuais" (JAPIASSU, 1986, p.16).

'coisas externas' (o 'mundo exterior'), mas o que chamaremos 'eu', 'sujeito' ou 'consciência'".

As múltiplas implicações dessas duas grandes formas de pensamento já nos permitem compreender algumas concepções muito amplas – mas nem por isso pouco relevantes – sobre a transformação social e a própria concepção de espaço presente em nossos trabalhos. Para um idealista, por exemplo, a transformação da realidade, quando explicitamente reconhecida, se dá a partir da própria consciência humana – de modo simplificado, deveríamos primeiro transformar o homem, suas ideias, para que a realidade concreta, objetiva, em consequência dessa modificação também se transformasse. Já o materialista, pelo menos na corrente majoritária em nossos dias (a marxista), reconhece que a efetiva transformação da realidade só se dá a partir (e em primeiro lugar) da modificação das condições materiais, concretas, de reprodução dos grupos sociais – daí toda uma discussão sobre o papel de uma "ideologia" conservadora que permanece (em nível mais subjetivo), ainda que as "condições materiais" (econômicas, principalmente) tenham sofrido alterações "revolucionárias".

Não fica difícil, a partir daí, tecermos primeiras relações com a Geografia e nossas concepções de espaço. Imaginemos, por exemplo, um idealista mais "radical", que muitos estudiosos denominam "idealista subjetivo". Segundo Lefebvre (1979, p. 60), "[...] devemos distinguir entre idealistas *objetivos* – que admitem um certo valor para nossos instrumentos de conhecimento, e idealistas *subjetivos* – para os quais todo nosso conhecimento não passa de uma 'construção artificial', chegando ao extremo de considerar que 'somente o pensador existiria'".

O idealista subjetivo poderá conceber o espaço como simples produto da percepção subjetiva, individual, da consciência humana. Se o espaço existe fundamentalmente enquanto produto da "consciência" ou da "percepção" e do "comportamento" de cada indivíduo ou grupo, este espaço pode mesmo perder sua dimensão material, concreta – por exemplo, numa postura mais extremada, poderíamos supor que fossem excluídos de nossa análise os mapas tradicionais (mais "objetivos", embora sempre dependentes da seleção de determinados aspectos realizada pelo cartógrafo) e que só trabalhássemos com os chamados "mapas mentais", fruto da percepção/vivência de nossas geografias subjetivas. Embora já estejamos considerando aqui a questão do conhecimento (a realidade vista por intermédio dos mapas), é possível supor também – e sempre no nível da suposição, pois é difícil encontrarmos concretamente esses "tipos ideais" – que alguns desses geógrafos admitam que a própria realidade se restrinja à subjetividade humana, assumindo, assim, uma posição claramente idealista subjetiva.

Num outro extremo, podemos encontrar o chamado materialista "metafísico", "vulgar" ou "mecanicista" (na linguagem marxista de um autor como Lefebvre). Ele realiza, a exemplo do idealista subjetivo, uma ruptura radical entre sujeito e objeto, espírito/consciência e natureza/matéria, sobrevalorizando agora o segundo desses elementos. Para esse materialista, a própria consciência é produto do "mecanismo" material que move tanto a sociedade quanto a natureza, e tanto o homem quanto o mundo que o cerca são constituídos por um conjunto de peças com funções bem definidas, objetivamente articuladas e de comportamento previsível. O espaço pode então ser visto de modo mecanicista, como um sistema de elementos materialmente interligados, com funções estanques, onde uma estrutura de conjunto rege a ordem e a estabilidade (ou o "progresso") da "organização". Analogias muito simplificadas entre a organização do espaço social e organismos biológicos também se aproximam dessa visão materialista mecanicista, em que a produção social manifesta os próprios mecanismos da natureza.

É claro que os exemplos desenvolvidos acima são muito genéricos e estão longe de representar a multiplicidade de análises possíveis dentro de cada uma dessas posições. As próximas discussões irão contribuir para uma visão menos simplificadora desse tema.

## Dialética e metafísica na abordagem marxista

Alguns filósofos utilizam com rigor a dissociação entre uma posição idealista e uma posição materialista, e muitos, aprofundando o estudo das características de cada abordagem, adotam outras divisões.[4] A leitura "materialista dialética" de Henri Lefebvre, por exemplo, levou-nos à formulação de um esquema representativo (dentro dessa óptica) da relação entre as diferentes concepções filosóficas, o qual pode ser expresso da seguinte forma:

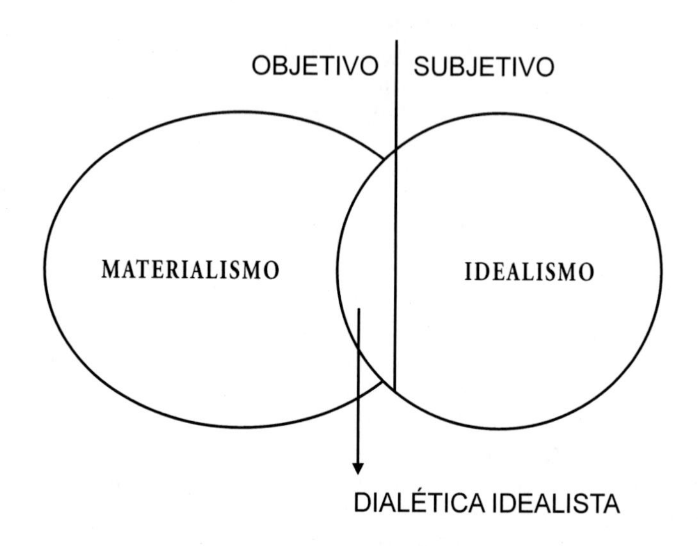


Associada à grande questão materialismo *x* idealismo, encontramos, para marxistas como Lefebvre, outra discussão relevante: dialética e metafísica. O termo metafísica, que em suas origens traduzia o que está "para além da física" ("essência imutável"), para Lefebvre significa, sobretudo, uma interpretação do mundo que dicotomiza a relação sujeito *x* objeto, priorizando um vetor ou outro,[5] ao contrário da dialética, que buscaria superar essa "metafísica" dicotomizadora.

---

[4] Ver, por exemplo, Prado Júnior (1984) e Lefebvre (1970), todos numa visão a partir do marxismo/materialismo dialético. Igualmente, no âmbito da Geografia, encontramos a discussão (nem sempre didática) de Oliveira (1982).

[5] É muito importante enfatizar que esse ponto de vista não se restringe à visão dialética, mas envolve uma metafísica, digamos, fundamentalmente epistemológica, já que nesse caso o dualismo se dá, antes de tudo, na esfera do próprio racionalismo (v. próximo item). Na filosofia aristotélica, por exemplo, a dicotomia (metafísica) era tratada na esfera ontológica, ou seja, entre *logos* (razão) e *physis* (natureza), e não entre sujeito e objeto, na esfera epistemológica, como ocorre no mundo contemporâneo (agradecemos à filósofa Estrela Bohadana pelos esclarecimentos em relação a essa questão).

Assim, na visão do autor, enquanto o materialismo vulgar, mecanicista ou metafísico, sobrevalorizando o caráter material da realidade, a reduz a essa dimensão, o idealista acaba, de um modo ou de outro, priorizando sempre a esfera das ideias, do sujeito. A proposta da dialética, segundo a visão marxista, é a de romper com essa dicotomia realizando a efetiva interação sujeito *x* objeto, reconhecendo a realidade como a própria ação conjunta e concomitante (a "práxis") entre consciência e matéria, onde, no dizer de Hegel, "o que é racional é real – e o que é real é racional". Essas dimensões, ao mesmo tempo em que mantêm suas especificidades, encontram-se unidas, sendo nessa interação (contraditória), nesse processo que inclui a "unidade da diversidade", que a realidade se transforma e que é possível se produzir conhecimento. Nas palavras de Hegel,

> cada coisa só é na medida em que, a todo momento de seu ser, *algo que* ainda *não* é vem a ser, e algo que é passa a não ser. Em outros termos, essa proposição da dialética põe à mostra o caráter 'processual' de toda a realidade (1988, p. XVI).

Apenas para esclarecimento geral, finalizando a explicitação do esquema anterior, devemos reconhecer – embora sem condições aqui de aprofundá-la – a questão da dialética idealista (ou hegeliana) e a dialética materialista (ou marxista). Em termos genéricos, podemos dizer que, enquanto Hegel assume uma postura com fortes raízes idealistas, ao reconhecer uma essência imutável do real, correspondente a uma Ideia absoluta, e onde o movimento e a contradição são apenas seu efeito, Marx propõe uma inversão: o movimento histórico, concreto, que envolve as relações sociais, contraditórias, como a dimensão fundamental da realidade, produzida e compreendida objetivamente através da práxis humana.

Nas palavras de R. Romano:

> Marx contrapõe-se a Hegel. Para este, 'é o processo de pensamento que, sob o nome de Ideia, transforma-se num sujeito autônomo [...]'. A natureza, o tempo e o espaço, e os homens enquanto entidades finitas, são apenas reflexo da Ideia, o 'seu aspecto externo, figurado, fenomenal'. Contra isso, Marx recusa a Ideia enquanto hipóstase extrassensível da subjetividade humana. Nós produzimos o ideal, não como reflexo da fabulosa [...] Ideia eterna, como resultado de uma inversão, tradução, em nossa cabeça, do mundo material, sensível (HISTÓRIA..., 1987, p. 568).

Um exemplo bem característico dessas diferentes posições é aquele dado pelo conceito de Estado para os dois autores. Para Hegel, o Estado é visto como um fim, a garantia da sociabilidade, síntese mais elevada (e abstrata) que assegura a universalidade, a integração dos interesses individuais. Para Marx, o Estado não passa de um meio, pelo qual uma classe social realiza seus interesses, seja a burguesia (que vê nele um fim) – através do Estado liberal que lhe assegura a manutenção da ordem desigual e exploradora –, seja o proletariado – este, porém, através da "ditadura" que antecederia a sociedade comunista, sem Estado (projeto até hoje irrealizado). Enquanto para o primeiro o Estado é, digamos, o "espírito" determinante da sociedade concreta, para o segundo são as relações sociais objetivas (passíveis de mudanças) que determinam a existência do Estado.[6]

## Empirismos e racionalismos: entre a paixão e a razão

Diante da questão sobre o que determina o conhecimento, podemos considerar um outro par de conceitos, tradicionalmente tratados como "empirismo" e "racionalismo". Enquanto idealismo e materialismo procuram responder basicamente à questão sobre o que determina a própria realidade (o concreto, a matéria, ou a ideia, a consciência), empirismo e racionalismo são formas de buscar respostas para o que é fundamental no processo de conhecimento dessa realidade (objetiva ou subjetiva): o sensitivo, o "vivido", a experiência, a percepção ou o refletido, o teórico, o racional.

Nesta relação, podemos falar mais em um *continuum* do que em um dualismo, pois certamente não podemos afirmar que existe um "empirista puro", que só admite o conhecimento pelas sensações, pela experiência, assim como não haverá o "racionalista ideal", que só reconhece a relevância da dimensão teórica, racional, do conhecimento, a ponto de prescindir da dimensão sensorial, empírica. É possível, contudo, identificar muitos trabalhos como de base empirista ou predominantemente racionalista, em sentido amplo.

6 Uma crítica feita ao marxismo, neste caso, é a de reconhecer na "sociedade estatal" uma etapa inexorável, objetiva, no rumo da "sociedade comunista", evidenciando assim uma certa linearidade (um etapismo/ predeterminação) na história.

Trata-se de uma questão central para a Geografia, que tradicionalmente tem discutido dicotomias que perpassam esse debate filosófico, como aquela entre Geografia "sistemática" e "regional", ou entre Geografia "empirista" e "teorética", "idiográfica" e "nomotética". Constitui-se, como vemos, uma séria discussão que, feliz ou infelizmente, não é privilégio nosso, mas se alastra por todas as ciências sociais e pela própria história da filosofia, traduzida em termos de conceitos como teoria e prática, razão e paixão ou mesmo Iluminismo e Romantismo (duelo que remonta ao século XIX), nunca estritamente redutíveis às concepções de racionalismo e empirismo, mas a elas sempre muito ligados.

O empirismo reconhece como fonte básica para o conhecimento a percepção sensorial, a experimentação. Podemos afirmar que tanto materialistas, como Francis Bacon ou John Locke, quanto idealistas, como Berkeley e Hume, adotaram certas posições empiristas. Para um idealista subjetivo como Berkeley, não só a única realidade é o mundo das ideias, subjetivo, como o próprio conhecimento se confunde com a dimensão sensitiva da percepção/experiência humana. Para Marx e Engels (em *A ideologia alemã*), o empirista materialista é aquele que reconhece na realidade objetiva a fonte básica da experiência sensorial (o conhecimento é reflexo dessa realidade objetiva), enquanto para o empirista idealista a experiência se reduz às sensações, tomando estas pela realidade objetiva.

Ao lado de um reconhecimento da "objetividade" material da realidade, muitos pesquisadores reconhecem no processo de conhecimento a percepção e/ou a "experimentação" como momento preponderante nesse processo. Daí os múltiplos sentidos da concepção empirista, muitas vezes utilizada tanto por aqueles que priorizam a observação e a descrição direta (o trabalho de campo), quanto por aqueles que, mesmo fazendo uso de "n" fórmulas e modelos teóricos, acabam sempre sobrevalorizando a "objetividade" dos dados empíricos, a sua experimentação (ainda que feita em laboratório), traduzindo, assim, o conhecimento pela dimensão formal e pela pretensa exatidão que os próprios dados (geralmente estatísticos) assegurariam. Para muitos geógrafos contemporâneos, a chamada "Geografia quantitativa", partidária desse "neoempirismo" ou "empirismo lógico", neopositivista, realizou apenas uma descrição mais sofisticada e muitas vezes mais abstrata, em relação aos empiristas da Geografia clássica.

Nas múltiplas abordagens da chamada Geografia clássica, uma corrente empirista foi, sem dúvida, aquela elaborada por geógrafos franceses do início do século. Vidal de La Blache, por exemplo, apesar da complexidade de seu método, em vários momentos enfatizou as singularidades regionais como um dos fundamentos da análise geográfica. É comum no empirismo, ao voltar-se para o caráter singular dos objetos ou para a percepção sensitiva do pesquisador, enfatizar o que é único, ou resultado de uma leitura mais subjetiva, particularizante, da realidade. Mesmo que o pesquisador admita a existência objetiva, concreta, da realidade (questão ontológica), ele pode, por outro lado, assegurar que ela só é apreensível de modo subjetivo, pelo indivíduo ou pelo grupo, em suas percepções particulares (como o fazem alguns geógrafos da chamada Geografia da percepção). Ao mesmo tempo, podemos ter um "empirismo objetivo", quando se admite uma única leitura "verdadeira", objetiva, do real, mas que o apreende a partir de sua singularidade intrínseca (é este o caso de expressiva parcela da geografia de inspiração lablacheana).

Assim como na História dita factual, de base empirista, o importante é as propriedades específicas que diferenciam um certo fato ou etapa – rigorosamente delimitados por um "tempo breve" que reconhece um nascimento e um fim –, uma Geografia "regional" tradicional, de base empirista objetiva, prioriza as diferenças, aqueles elementos que distinguem e individualizam as "regiões" na forma de espaços que, tal como no tempo breve factual, admitem uma delimitação precisa, moldada principalmente em relação às características fisionômicas ou morfológicas da paisagem. Enfatizam-se, pois, não as relações com outras escalas (e seus grupos sociais) – o que envolveria, sem dúvida, um outro nível de reflexão –, mas os atributos específicos, inseridos nos limites do território regional.

A título de síntese esquemática das bases da discussão filosófica que permeou até aqui nosso discurso, formulamos, a seguir, um quadro bastante simplificado, de caráter eminentemente didático e introdutório, que de algum modo retoma e complexifica o esquema proposto por Lefebvre, apresentado anteriormente. Trata-se muito mais de um ponto de partida do que de um ponto de chegada, uma referência importante para enfrentarmos questões, esclarecendo algumas e, sobretudo, propondo outras – a começar pelas próprias restrições que tais esquemas implicam.

Embora esquemático e vinculado a uma leitura mais tradicional, dicotomizadora, da Filosofia, esse quadro pode ser um interessante ponto de apoio para inúmeras discussões a serem desdobradas. Fica claro, por exemplo, que tanto a "objetividade" quanto a "subjetividade" inserem-se em duas perspectivas possíveis, uma de caráter ontológico, outra de base epistemológica – questão que raramente distinguimos. Para o materialista, a "realidade objetiva" é determinada pela dimensão material e a ela se reduz (na visão "mecanicista"), ou ele admite a dimensão "ideal" enquanto determinada pela esfera material (na visão dialética). Para o idealista objetivo, a realidade é objetiva, existe fora da consciência, mas é determinada por esta. Enquanto para o racionalista (objetivo) só é possível entender de modo efetivo a realidade através de uma óptica geral, "totalizante" (teorias, leis), para o empirista objetivo o conhecimento se dá por uma leitura única, padrão (comum a todos os pesquisadores), porém particularizada (sem a possibilidade de atingir teorias gerais).

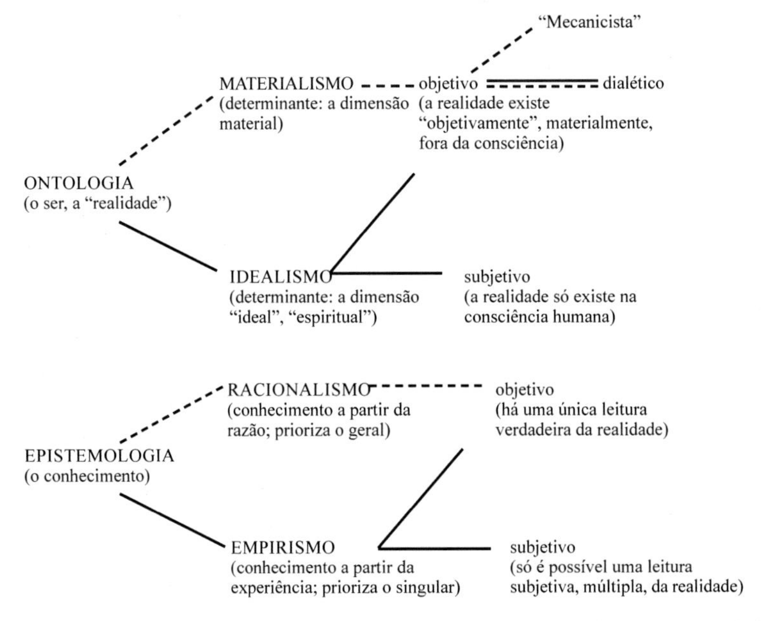


Obs: As diferentes convenções utilizadas para a representação das linhas têm como único objetivo mostrar os distintos caminhos/relações possíveis a partir dos dois conceitos iniciais.

Uma das conclusões que se tornam mais visíveis a partir do quadro é o fato da dialética materialista, justamente por estar fundamentada na "separação ontológica" (ao privilegiar a dimensão objetiva da realidade e negligenciar a dimensão subjetiva), não ter resolvido a dicotomia entre objetivo e subjetivo, tal como proposto na abordagem de Lefebvre. Um exercício interessante é o de que é possível (e relevante) identificar – sempre com ressalvas – a posição filosófica de uma obra geográfica, bem como as limitações que tal posição implica frente à apreensão da complexidade do real.

## As "razões" da Geografia

A grande crítica ao empirismo e à falta de rigor teórico de linhas tradicionais da Geografia, como a decorrente da Geografia regional lablacheana, deu-se basicamente pelo "racionalismo" pretendido por autores como, por exemplo, o norte-americano F. Schaeffer. Este geógrafo, em seu artigo justamente intitulado "O excepcionalismo na Geografia: um estudo metodológico", marcou de certa forma uma divisão ao condenar a priorização do "excepcional" em detrimento do geral, da teoria.

Essa condenação à não cientificidade da Geografia, que data fundamentalmente da década de 1950, não significa, contudo, que perspectivas ditas racionalistas não estivessem já se delineando há longo tempo na disciplina, e mesmo que convivessem com posturas mais empiristas. Parece ocorrer um desenvolvimento de alguma forma "cíclico", não só na disciplina geográfica como nas demais ciências sociais, e talvez na própria filosofia: a períodos de predominância (nunca domínio irrestrito) de posições mais empiristas se sucederam períodos de maior imposição de pontos de vista racionalistas, como se um realimentasse o outro, reunindo num processo contínuo, mas desigual, os empirismos e os racionalismos. A esse respeito, veja-se a discussão instigante de Capel (1983) e seus quadros sintéticos sobre a sucessão do que ele chama "tipos ideais" – positivismo (mais racionalista) e historicismo (mais empirista) – nas diferentes tradições da Geografia.

Um autor clássico como Humboldt, tido comumente como um dos fundadores do pensamento geográfico,[7] "segue o método que poderia ser denominado 'empirismo raciocinado'". Ele toma por base "uma concepção que entende o universo como um todo unitário, em constante evolução segundo leis determinadas, cujo conhecimento pode ser obtido mediante a investigação metódica" (Raul Gabás em *História do pensamento,* p. 494). Apesar de sua obra mais conhecida, *Cosmos*, trazer como subtítulo o empirismo de "uma descrição do mundo", sua preocupação com o "todo ordenado" do mundo manifesta a inconveniência de uma estrita delimitação de seu pensamento como "empirista" ou "racionalista" – uma das sérias restrições a serem feitas quando se toma o esquema anteriormente proposto, dentro de uma classificação em moldes positivistas.

Simplificando dessa forma a obra de um autor, podemos incorrer em generalizações equivocadas, correndo o risco de, pré-conceitualizando-a, ignorar radicalmente, de antemão, seu papel histórico-social e a própria riqueza (no sentido de complexidade e diferenciação) que seu pensamento possa ter. Isso não significa que possamos prescindir de divisões, classificações; como bem demonstra este capítulo, elas são indispensáveis no nosso processo de entendimento. O que não se pode é tomá-las genericamente, sem ressalvas, com pouca ou nenhuma consciência de suas limitações, considerando-as como reproduções perfeitas da realidade.

Podemos exemplificar, como produto dessa simplificação excessiva, algumas concepções de Moraes (1982), em sua "pequena história crítica" da Geografia. Apesar da inegável importância didática da obra, de grande difusão no ensino introdutório da disciplina, há generalizações injustificáveis. Por exemplo, ao inserir a chamada "geografia da percepção" como um simples apêndice dentro da lógica formal da "geografia pragmática", o autor ignora toda a contraposição teórica entre essas abordagens. Como bem expõem Mendoza et al. (1982), o racionalismo objetivista pretendido pela Geografia analítica (correspondente metodologicamente ao que Moraes

[7] Humboldt escreveu na verdade uma obra universalista, envolvendo campos muito distintos, podendo mesmo ser considerado, no início do século XIX, o último dos "enciclopedistas".

denomina Geografia pragmática) é explicitamente criticado pela base fenomenológica, mais subjetiva e empírica, da chamada Geografia da percepção. Outro exemplo, mais atenuado, estaria na comparação entre as obras de Ratzel e La Blache, onde a ênfase ao caráter "burguês" de suas obras deixa passar quase despercebido o projeto teórico muito distinto que eles propõem: o primeiro, de um racionalismo mais pronunciado (culminando com a busca de "leis" que seus discípulos transformarão no determinismo); o segundo, defensor muitas vezes de um empirismo que se sobrepõe às teorias universalizantes.

O risco dos "enquadramentos", com os quais nos deparamos no nosso próprio dia a dia (ao difundirmos estereótipos sobre os outros), é, portanto, extremamente sério, mais ainda quando se procura envolver tanto a compreensão da postura teórica quanto da prática ético-política do pesquisador. Veja-se, por exemplo, o caso de Elisée Reclus e Pietr Kropotkin, politicamente anarquistas mas bastante influenciados por um legado positivista em muitas de suas análises geográficas, ou marxistas contemporâneos, explicitamente dialéticos em suas epistemologias, profundamente autoritários e excludentes em suas práticas políticas (onde ficaria, aí, a "unidade no diverso"?).

Outra tendência muito comum na identificação das diferentes "razões" inscritas no pensamento geográfico é aquela que estabelece "escolas" ou correntes estanques, posicionadas historicamente de forma linear e consecutiva, como se outras formas de pensamento não convivessem com as abordagens ditas hegemônicas. "Ditas" hegemônicas porque muitas vezes são fruto da leitura do pesquisador, que acaba selecionando aquilo que, aos seus olhos, aparece como predominante. Assim, por exemplo, tendemos a ignorar ou menosprezar toda a perspectiva geográfica desenvolvida principalmente na Alemanha, no início do século (Hettner, Schlütter...), pelo simples fato de que repercutiu entre nós, majoritariamente, a chamada escola francesa de Geografia.

Há momentos e grupos, contudo, que manifestam com tal ênfase uma determinada posição e defendem com tamanha convicção certos princípios que dificilmente poder-se-ia desconsiderar sua filiação a uma determinada linha de abordagem filosófica. Em termos de posições francamente racionalistas na Geografia, temos pelo menos duas bases filosóficas contemporâneas que moldaram – e continuam a moldar – as ideias de inúmeros geógrafos: o positivismo lógico (ou neopositivismo, da lógica formal) e o materialismo histórico (ou marxismo, da lógica dialética). Seus discursos, muitas vezes excludentes de toda outra forma de pensamento – como se a Geografia, sem raízes, começasse ali a ser fundada (vide "novas Geografias" e "Geografias novas") –, estavam tomados por contradições. Como podemos hoje constatar, nem os primeiros realizaram a propalada "ruptura" com os paradigmas empiristas da Geografia clássica – geralmente apenas sofisticando-os em seu empirismo lógico –, nem os segundos foram tão "radicais" (como se autodenominaram), a ponto de superarem a pretensão objetivista do positivismo.

Se houvesse uma maneira de medir a intensidade com que os geógrafos se lançaram em busca da grande teoria e mesmo das leis universais que assegurariam, finalmente, um "*status* científico" para a Geografia, sem dúvida os índices mais elevados estariam com os autodeterminados geógrafos "teoréticos". Seu projeto de transformação da epistemologia geográfica envolvia a assimilação da lógica formal positivista, enaltecendo assim o rigor do modelo científico das ciências físicas e a expressão exata da linguagem matemática, erigida como a linguagem universal da ciência (MENDOZA et al., 1982). O método hipotético-dedutivo adotado sobrepõe a hipótese (a teoria) ao empírico, estabelecendo-a como ponto de partida (e de chegada!) no processo de conhecimento. Como bem expressa Christaler, "é necessário desenvolver os conceitos imprescindíveis para posterior descrição e análise da realidade", a ponto de a teoria ter "uma validade independente da realidade concreta, uma validade baseada em sua lógica e coerência interna" (apud MENDOZA et al., 1982, p. 108-109); ou seja, a "realidade" objetiva é, de alguma forma, obrigada a se encaixar em nossos conceitos, em nossa "teoria" previamente idealizada. A grande ambiguidade é que a lógica fundamentada na Idealização (subjetiva) dos pesquisadores se pretendia a mais objetiva possível.

Objetividade é também a grande bandeira do materialismo histórico e dialético, numa perspectiva que se assume como inteiramente contrária à da lógica formal, que seria uma lógica da forma, da identidade (não contraditória) e da simples "aparência". Partindo do concreto, do empírico, apreendendo-o em sua objetividade sob a forma de "concreto pensado", e retomando constantemente ao empírico para reavaliar o conceito, já que a realidade é fundamentalmente mutável, estaríamos alcançando a objetividade – presente tanto na matéria em si quanto no pensamento que a desvela.

Embora os conceitos não sejam considerados definitivos e se proponha que sejam permanentemente reavaliados (fato que parece ignorado por muitos marxistas), em cada momento histórico é possível alcançar a "totalidade" ou a "concreticidade" do mundo, como se o materialismo dialético pudesse atingir sempre uma realidade objetiva, onde nada haveria de "essencial" que não pudesse ser desvendado – e, consequentemente, manipulado/dominado – pela razão humana. Apesar de "essencialmente contraditória", a realidade estaria amplamente condensada, mais uma vez, nos limites da razão, de muitas formas sufocando a paixão, a subjetividade humana, reveladoras tão somente da "aparência" do mundo. A percepção subjetiva do espaço seria mais uma vez considerada "mera abstração" frente à necessária e sempre determinante objetividade/concreticidade do social. O todo não só é declarado superior em relação às partes, como as determina, inexoravelmente:

> Justamente porque o real é um todo estruturado que se desenvolve e se cria, o conhecimento de fatos ou conjunto de fatos da realidade vem a ser o conhecimento do lugar que eles ocupam na totalidade do próprio real (KOSIK, 1976, p. 41, grifo nosso).

A esse respeito, afirma muito enfaticamente Souza (1988, p. 35):

> Uma totalidade aberta e radicalmente dialética, onde cada ato seja inesgotável em significações historicamente localizadas, e onde cada significação não possa ser objetivamente (ou seja, independentemente do concurso da subjetividade histórico-socialmente condicionada) determinada enquanto parte de um todo cuja essência estrutural está à espera de um Sujeito cognoscente de posse do método correto para ser descoberta, parecerá a um marxista consistente, como Kosik, uma ficção idealista, pois incapaz de dar conta racionalmente da realidade total.

A valorização do caráter mutável e contraditório da espacialidade, revelado pela dialética, foi sem dúvida um grande avanço. Posturas mais ortodoxas, contudo, sob o manto da "destruição das desigualdades" (no caso concreto dos Estados socialistas) ou de uma análise voltada apenas para o estudo dessas desigualdades (no caso do espaço capitalista) acabaram suprimindo ou ignorando as diferenças (culturais, por exemplo), imprescindíveis à tão propalada transformação permanente do social. Resolver todas as contradições, projeto de tantos dialéticos, incluía, assim, a supressão das diferenças e, consequentemente, da própria mudança, do novo enquanto produto da contraposição de diferenças, inerentes ao ser humano.

Esse "dogmatismo de esquerda", ainda hoje presente em alguns pesquisadores que se dizem dialéticos (e a todo momento enfatizam essa condição), foi praticamente tão empobrecedor quanto os dogmatismos ditos "de direita". No dizer do historiador cubano Manoel Fraginals, em depoimento ao *Jornal do Brasil* de 14/5/89,

> a principal função do intelectual, hoje, é eliminar os dogmas, tanto os de direita quanto os de esquerda [...]. O problema é que muitos intelectuais marxistas julgam levar a verdade embaixo do braço – quando deparam com um fato, medem sua importância pela reação que ele provoca na teoria.

Esses dogmatismos excluem o debate transformador e a emergência do novo ao elegerem previamente sua "linha" como a vencedora. A discussão é estimulada com o único intuito de impor ou, quando muito, de expor (e nunca trocar/somar) um ponto de vista – a conclusão, aí, já está pré-delineada, pois nada se tem a ceder ou a partilhar. Alimenta-se, assim, a contestação pela contestação, pelo simples prazer de ver, ao final, "intacto", o seu próprio discurso. Trata-se ainda da política do "tudo ou nada" – se a "linha" do outro não é a nossa, nada se pode fazer. Desmascarados seus "princípios" (sempre muito claros, como se o mundo todo estivesse mecanicamente dividido entre marxistas e "idealistas", esquerda e direita), o debate se anula, pois nada temos a ceder ou com que contribuir. A mudança só se dá a partir do todo, nunca pelas partes (ou concomitantemente). A transformação, a crítica permanente, na verdade é estancada, pois só há uma forma de mudança: a "revolução" (pelo alto), e um único meio de ser "militante": o Partido. Ou seja, não se está aberto à superação de convicções, muito menos a um outro caminho para a história, feita pelo/no próprio movimento da sociedade.

Esse projeto de unidade plena entre realidade e razão, proposto tanto por Marx quanto por Hegel, acaba, assim, não reservando espaço para a indeterminação (embora não seja inteiramente previsível, o futuro será perfeitamente determinável), para o acaso e para o enigma do mundo. Este mistério, o desconhecido e o incognoscível, é, no máximo, uma dimensão futurista – mas, ao chegarmos lá, o teremos desvendado. Essa impossibilidade de conviver com o enigmático faz com que o homem acredite no domínio total da natureza, no "desenvolvimento universal das forças produtivas", pressuposto indispensável para a realização da sociedade comunista (MARX; ENGELS, 1981). Nesse sentido, Marx e Hegel fazem parte, sem dúvida, do grande projeto racionalista da modernidade, tantas vezes questionado (ver item seguinte). Embora existam aberturas na dialética para que se rompa com esse objetivismo (por exemplo, na proposta de Souza, 1988, fundamentada em Castoriadis), os resultados práticos, os projetos político-sociais que resultaram em sua aplicação concreta (afinal, são os balizamentos da "eficácia"de sua "teoria"), um século e meio depois de sua primeira proposição, nos obrigam a um questionamento menos superficial – é claro que também vivemos de utopias, mas de renovadas utopias que reavaliam constantemente os resultados das utopias do passado...

Na Geografia, podemos sintetizar a contribuição comum, tanto do neopositivismo quanto do marxismo, no fato de terem trazido à tona, com muito mais consistência, o debate sobre a racionalidade, a conceitualização, distintamente enfrentada pelas duas correntes, mas defendida com ímpeto semelhante. No(s) materialismo(s) dialético(s), é imprescindível destacar sua preocupação com a crítica às injustiças sociais e, a partir daí, suas propostas (nem sempre explícitas) para a transformação efetiva da sociedade, colocada como elemento central de suas abordagens. A essa "razão crítica", que importantes contribuições tem prestado à reflexão sobre o papel do geógrafo e sua responsabilidade social, não parece corresponder, contudo, uma prática semelhante, em termos da relevância de nossos trabalhos empíricos – questão que será retomada mais adiante.

Nessa busca por romper com as dualidades do conhecimento torna-se extremamente atual a reflexão sobre o racionalismo que teria fundamentado a "modernidade" (processo histórico que remontaria ao século XVIII e que englobaria, portanto, marxismos e positivismos) e o chamado "irracionalismo pós-moderno", termos controvertidos que parecem mais revelar novos nomes do que questões filosóficas realmente novas. Mesmo que a Geografia tenha se posicionado muito timidamente em relação a esse debate (ver, por exemplo, GOMES; HAESBAERT, 1988, MONTEIRO, 1988), ele é uma das formas mais explícitas que assume a crise ético-social (e epistemológica) contemporânea, e que perpassa, sem dúvida, nossa questão básica envolvendo racionalismo e empirismo. Daí o destaque que daremos, a seguir, a esse tema.

## Modernidade e pós-modernidade: para além das dicotomias

"Modernidade" se tornou uma dessas expressões cujos múltiplos sentidos que incorpora acabam transformando-a num conceito que mais confunde que esclarece. No senso comum, "ser moderno" geralmente tem um significado positivo: partilhar do novo, difundir uma inovação, estar aberto à mudança, ou acompanhar as transformações; outras concepções, entretanto, podem utilizar "moderno" num sentido negativo, associado a uma condição volúvel e desestabilizadora, sem raízes e alienado do passado. Na linguagem acadêmica, e dependendo da perspectiva filosófica adotada, o conceito se torna ainda mais complexo.

Em primeiro lugar, há autores que se negam a utilizar o termo, que seria relativo a um determinado período histórico (geralmente de difícil delimitação, mas de qualquer forma já superado). Outros restringem seu sentido às transformações estéticas propostas pelo movimento cultural "modernista". Contudo, a tendência predominante hoje é a de difusão crescente do termo, numa tentativa de apreender, de um modo mais abrangente, a complexidade das mudanças sociais desencadeadas com o chamado Iluminismo racionalista europeu do século XVIII. Para muitos, o próprio caráter, de alguma forma cíclico, do capitalismo (intercalando apogeus e crises) seria revelador da complexidade desse período – tão complexo que alguns preferem utilizar o termo apenas no plural: "modernidades". Na definição sintética de Max Weber (apud ROUANET, 1986, p. 231), ainda no século passado, "a modernidade é o produto do processo de racionalização que ocorreu no Ocidente, desde o final do século XVIII, e que implicou a modernização da sociedade e a modernização da cultura".

A partir daí, pelo menos duas grandes polêmicas se abrem:

- primeiro, sobre quais os pontos comuns e/ou mais representativos que se reproduziriam ao longo das transformações sociais dos séculos XIX e XX e que, portanto, definiriam a modernidade;

- segundo, sobre o significado da atual crise social e teórica (principalmente no período pós-anos 60), seu caráter de ruptura com a modernidade e consequente nascimento (ou não) de uma "era" pós-moderna. O surgimento de uma perspectiva filosófica que denomina modernidade todo esse extenso período não é tão recente (além de Max Weber, foi tema de pensadores como J. Habermas e W. Benjamin, da Escola de Frankfurt, na primeira metade do século XX), mas sua difusão só se acentuou a partir do advento de uma nova forma de agir/pensar que se autointitulou "pós-moderna".

"Pós-modernismo" é definido

> como o nome aplicado às mudanças ocorridas nas ciências, nas artes e nas sociedades avançadas desde 1950, quando, por convenção, se encerra o modernismo. Ele nasce com a arquitetura e a computação nos anos 50. [...] Cresce ao entrar pela filosofia, durante os anos 70 [...], sem que ninguém saiba se é decadência ou renascimento cultural (SANTOS, 1986);

ou, num sentido bem mais amplo, como "condição da cultura na era pós-industrial", caracterizada "pela incredulidade perante o metadiscurso filosófico-metafísico, com suas pretensões atemporais e universalizantes", e que tem suas raízes na "crise da ciência" e da verdade no final do século XX (LYOTARD,1986).

É óbvio que para que algo seja negado, superado (no caso, a modernidade), é necessário que ele tenha se afirmado e se definido de forma clara. A modernidade, então, é concebida, antes de mais nada, como a era da racionalidade, da tecnocracia e, portanto, do "controle social". Caberia aos pós-modernistas, em consequência, resgatarem a "vida", a sensibilidade, a liberdade e a imprevisibilidade que haviam sido oprimidas pela modernidade – daí o próprio resgate de filósofos como Nietzsche, para quem o racionalismo é sinônimo de controle e de repressão.

Entre os críticos dessa "modernidade" unilateralmente racionalista, Nietzsche talvez seja o mais radical. Acusado hoje de guru do irracionalismo pós-moderno, ele revelou-se um crítico impiedoso da verdade racionalista, vista muito mais como instrumento de poder do que como fonte de conhecimento (o qual, no seu radicalismo, estaria basicamente na "própria vida", nas paixões e na multiplicidade das forças do acaso).

Essa polêmica que se acirrou entre modernistas e pós-modernistas, principalmente nas duas últimas décadas, pode ser traduzida muito simplificadamente no quadro a seguir, que sintetiza ambas as posições na perspectiva dominante entre os pós-modernistas. Esse esquema, ainda que sintético, permite perceber a grande dicotomia diante da qual se posicionou grande parte dos pós-modernistas ao se impor frente a uma visão de modernidade linear e unilateralmente racionalista.

| ***Modernidade*** | ***Pós-modernidade*** |
|---|---|
| *Sociedade industrial (domínio do setor secundário/ proletariado e burguesia)* | *Sociedade pós-industrial (domínio do setor terciário/ funcionários e tecnocratas)* |
| *Objetividade (significados padrões)* | *Subjetividade (múltiplos significados)* |
| *Controle, repressão* | *Jogo (acaso), liberdade* |
| *Centralização estatal/macropolíticas (objetivos gerais)* | *Privatização/micropolíticas (objetivos segmentares)* |
| *Movimentos partidários, "de classe"* | *Movimentos setoriais/culturais, ecológicos, territoriais* |
| *Consenso, eficácia (semelhanças/identidades)* | *Dissenso, criatividade (diferenças/ambiguidades)* |
| *Arquitetura uniforme, padronizadora* | *Arquitetura e arte ecléticas* |
| *Racionalidade/teoria (explicação subordina a paixão à razão)'* | *Sensibilidade/experiência (Sedução, só o impulso e o prazer afirmam a vida)* |

Rouanet faz uma contestação a essas características da pós-modernidade, argumentando basicamente que: as relações sociais fundamentais não foram alteradas; houve um declínio do "setor" industrial mas não do "sistema" industrial, tornado mais eficiente pela informatização;[8] as "micropolíticas" não manifestam uma fragmentação da ordem estatal mas, ao contrário, se articulam dentro da onda "neoliberal" contemporânea; e a imposição da subjetividade e das diferenças culturais se inserem como simples intensificação de características já presentes no seio da modernidade e que, portanto, não estariam estabelecendo a sua ruptura.

A concepção de modernidade em Rouanet é, desse modo, bem mais ampla do que aquela delineada pelos pós-modernistas (conforme definida no quadro anterior), a ponto, inclusive, de englobá-los em sua dinâmica. A contestação e o conflito seriam imanentes aos "modernos". Conforme Loparic (1989), é na modernidade que nossa "existência conflitiva" (rompendo com o valor supremo da "solidariedade" judaico-cristã) vem à tona, pelo menos no caso do Ocidente (através de um Marx, um Nietzsche ou um Heidegger, por exemplo). Essa dimensão ambígua, contraditória e paradoxal da modernidade também é destacada por Berman (1987), para quem, nessa etapa, todos são "movidos, ao mesmo tempo, pelo desejo de mudança – de autotransformação e de transformação do mundo ao redor, e pelo terror da desorientação e da desintegração, o terror da vida que se desfaz em pedaços" onde, tomando a expressão de Marx, "tudo o que é sólido desmancha no ar". O próprio espaço estaria aí, portanto, imerso nesse múltiplo processo construtor/destruidor que faz das metrópoles o "laboratório geográfico", por excelência, da disciplinarização, do conflito e da ambiguidade modernos (GOMES;HAESBAERT, 1988).

Como decorrência do que foi comentado até aqui, é possível reconhecer, de modo simplificado, duas posições principais em relação à problemática da (pós)modernidade:

- os que encaram a modernidade como o conjunto de pensamentos/ações ordenativos, domínio irrestrito da

[8] Na visão pós-moderna de Lyotard, a informatização "pode tornar-se o instrumento 'sonhado' de controle e regulamentação do sistema de mercado, abrangendo até o próprio saber, e exclusivamente regido pelo princípio de desempenho". Aí ela comportaria "inevitavelmente o terror". No entanto, se o público tiver "acesso livremente às memórias e aos bancos de dados", não se esgotará a disputa e se delineará "uma política na qual serão igualmente respeitados o desejo de justiça e o que se relaciona ao desconhecido" (LYOTARD, 1986, p. 119-120).

racionalidade disciplinadora e, consequentemente, veem a pós-modernidade como o "fazer/devir" social, abertura intuitiva para o novo, ruptura com a modernidade racionalista e preditiva;

- os que veem a modernidade como essencialmente crítica (convivendo permanentemente com a "crise"), mutável, instauradora de uma ordem mas ao mesmo tempo aberta para o novo, o indeterminado, inserindo aí as próprias posições ditas "pós-modernas" (que para Rouanet seriam "neo" modernas), como reveladoras de um novo período de crise e reavaliação.

Muitos são os autores, hoje, que contestam e procuram alternativas para superar aquela visão dicotomizadora que marcou (e ainda marca) muitos debates sobre a questão. A dicotomia entre racionalismo e irracionalismo, razão/teoria e sensibilidade/paixão é criticada tanto por autores acusados de "irracionalistas" quanto por seus opositores. Essa crítica e as alternativas propostas compreendem pelo menos duas grandes correntes: a daqueles que acreditam na superação da "metafísica" dentro de uma nova epistemologia (como a "dialética aberta" de C. Castoriadis, conforme interpretada por Souza, op. cit.), e a daqueles que só acreditam nessa superação via dissolução do próprio par ontologia/epistemologia.

Essa segunda proposta, que busca fundamentação no chamado pensamento "mítico" da Grécia pré-socrática, onde a unidade entre o "pensar" e o "viver" ainda estaria assegurada, é bem representada nas palavras do filósofo Escobar, ao afirmar que "a irracionalidade só pode ser pensada quando se toma a perspectiva da razão metafísica", pois "o contrário da metafísica da razão não é o irracionalismo, mas a vida" (entrevista ao *Jornal do Brasil*, Caderno Ideias, 19/12/1987). Já para Umberto Eco, "há muitos modelos possíveis de racionalidade", e ele tem sempre

> suspeitas quanto aos debates sobre a razão e a crise da razão. Toda história da filosofia tem sido uma forma de celebrar, a cada século, a crise de um determinado modelo de racionalidade, para elaborar outro concorrente ou alternativo (entrevista à *Folha de S. Paulo,* 21/2/1988, p. A-45).

Do racionalismo de um Iluminismo teoricista e estritamente objetivo, que só admite uma leitura do real, até um pós-modernismo "irracional" subjetivo e relativista, há um longo e complexo caminho a percorrer. Pessoalmente, concordo com aqueles que incluem o "pós"-moderno na multiplicidade do "moderno". Autores politicamente considerados reformistas, como Alain Touraine, têm razão ao afirmarem que "devemos interrogar a modernidade, não para rejeitá-la ou substituí-la pelo conceito de pós-moderno, algo impreciso, mais um sintoma de esgotamento de um modelo de razão do que um novo modelo" (declaração ao *Jornal do Brasil*, 5/7/1988, p. B-1). Guattari, numa posição mais crítica, vê no pós-modernismo "apenas uma última crispação do modernismo, em reação e, de alguma forma, espelhando os abusos formalistas e reducionistas deste, do qual não se demarca verdadeiramente" (GUATTARI, 1986, p. 18).

Nem totalmente "negativa" (como querem os pós-modernos) ou fundamentalmente "positiva" (como propõe Marshall Berman), nem tão milimetricamente disciplinadora (como indica Foucault) ou tão "iluminada" pela razão a ponto de ser esta o único veículo da crítica e da transformação (como o quer Rouanet), as bases da modernidade parecem suficientemente ricas (complexas) para permanecerem no centro de nossas polêmicas ainda por muito tempo – o que atesta, a nosso ver, seu caráter inerentemente conflitivo e ambíguo, oculto sob os véus de uma racionalidade (im)positiva, geralmente incapaz de aceitar uma dimensão enigmática no homem.

Essa ambiguidade (re)aparece hoje de modo flagrante: ao mesmo tempo em que nos deparamos com projetos de superestados, como o europeu, e com ex-espaços "socialistas" que cada vez mais se inserem no modelo ocidental de "modernização", dominado pela busca da inovação tecnológica, pelo militarismo e pela hegemonia urbano-industrial, numa projeção globalizada de paradigmas tecnoburocráticos, há a emergência inédita de movimentos em que a diversidade cultural/regional/étnica tenta se projetar (vide, no próprio interior da Europa em unificação, a força dos "regionalismos" e nacionalismos, muitas vezes acordando "mentalidades" cujas raízes remontam ao período feudal). Os nacionalismos ex-soviéticos e iugoslavos e o revigorar do movimento muçulmano são outras amostras dessas ambiguidades que, para além da própria modernidade, revelam a impossibilidade de uma compreensão genérica e padronizada da sociedade humana, mesmo quando um modelo se impõe a ponto de, muitas vezes, fazer com que o próprio globo terrestre se torne a nossa escala cotidiana de referência, como ocorre nos nossos dias.

O "novo" (nunca irrestritamente renovador) da modernidade cruza-se, então, permanentemente, com o velho; ou o antigo, o "tradicional" é resgatado sob novas formas, numa transformação contraditória mas que representa a necessidade intrínseca ao moderno de controlar (pela racionalidade tecnocrática) e liberar e/ou se apropriar da diversidade, num conflito constante de opressão e liberdade, nunca tão dramática e amplamente manifestado. "A mudança, necessidade vital do homem – porque aderente à sua historicidade" – nunca é, entretanto, uma via de mão única e previsível, pois "deve-se articular com a imaginação que, colocando-se no presente, elucida-o como parcial, precário, não definitivo" (RAMOS, 1981, p. 53). E aí está um importante "ponto a favor" dentro da modernidade: sugerir a possibilidade de, rompendo com os dualismos, assumir-se um projeto profundamente renovador, que nunca se pretenda completo, acabado, que respeite a diversidade e assimile, ao lado da igualdade e do "bom-senso", a convivência com o conflito e a consequente busca permanente de novas alternativas para uma sociedade menos opressiva e exploradora – onde efetivamente se aceite que o homem é dotado não apenas do poder de reproduzir – mas sobretudo de criar, e que a criação é suficientemente aberta para não se restringir às determinações da razão.

## A crise e a geografia: reabrindo questões

De certa forma atrasados em relação a essa crise/crítica que assola a chamada modernidade, nós, geógrafos, começamos agora a ter a nítida sensação de estarmos vivenciando mais uma de nossas endêmicas "crises", como se delas nunca tivéssemos nos desvencilhado. Se "crise" pode ser vista como um processo de gestação do novo, diríamos que ela é sempre bem-vinda (repetindo a exclamação do colega Carlos Walter Gonçalves, no final da década de 70: "a Geografia está em crise – viva a Geografia!"). A grande questão é que nem bem parimos o novo do materialismo histórico somos obrigados a enfrentar outro "novo", agora muito menos "amarrado e seguro", diante dos frutos ainda verdes da primeira safra. Será isto mais uma prova da defasagem e da "falta de maturidade" que fazem com que a nossa disciplina esteja sempre a reboque, defendendo bases filosóficas que, quando adotadas entre nós, já estão em plena crise nas outras ciências sociais? Talvez seja este o momento de acertamos o passo ou, quem sabe, num belo sonho, passarmos um pouco à frente. Afinal, problemas ligados ao território, ao espaço social/geográfico nunca estiveram tão presentes – vide no Brasil a devastação da Amazônia, a criação de novos Estados, as ZPEs (a propósito, onde andávamos nós e a nossa "razão crítica" quando estes enclaves geográficos foram propostos?)...

Sem dúvida – e isto a filosofia contemporânea parece nos indicar muito bem – o fundamento de nossas reflexões, o aprofundamento de nossa compreensão do mundo, de nossos conceitos, jamais estarão na restrita abstração dos debates acadêmicos (dos quais nos tornamos, frequentemente, fanáticos), mas tão somente no estudo sério e ao mesmo tempo "apaixonado" (efetivamente engajado) da realidade vivida. A esse respeito, é bom lembrar que a maior contribuição que já conseguimos dar ao conhecimento como um todo certamente foi através das tradicionais "monografias regionais". Nossos estudos mais citados em outras áreas não seriam, ainda hoje, os de um Monbeig (em "Pioneiros e Fazendeiros de São Paulo") e um Leo Waibel (e mesmo um Orlando Valverde), um Jean Roche (em "A colonização alemã e o Rio Grande do Sul") ou um Manoel Correia de Andrade (em "A terra e o homem no Nordeste")? É bastante questionável acreditar que nossas obras "teóricas", tão pouco originais em suas reproduções de positivismos e marxismos, deixarão novas marcas da Geografia junto às chamadas ciências sociais (há exceções, é claro; ver, por exemplo, a repercussão da obra de Milton Santos, dificilmente enquadrada, entretanto, no simples rótulo de marxista).

Em vez de nos preocuparmos mais com a espacialidade do social, onde pretendemos ter maior responsabilidade (originalidade e competência), acabamos avançando pouco na discussão sobre o "papel do espaço" (ou mesmo desacreditando-o), repetindo sob o simples "reflexo espacial" tudo o que já foi dito em outras áreas (e geralmente melhor) sobre a sociedade.

Outro destaque importante no vazio teoricista em que muitas vezes nos envolvemos é o fato de que alguns de nossos textos revelam mais a preocupação com um "respaldo teórico", filosófico, explícito e seguro, perfeitamente legitimado, do que com a real contribuição de uma leitura inovadora, original, da realidade. Com medo de fugir à "coerência filosófica" (e ela será realmente possível?), não ousamos, não inovamos, com textos muitas vezes áridos e sem vida. É preciso que sejamos ousados e ao mesmo tempo claros, comunicando um pouco mais nossas mensagens – vide outros cientistas sociais, como muitos historiadores e antropólogos que, sem utilizarem um vocabulário sofisticado, conseguem ser originais, explicam e comunicam com vigor suas descobertas.

Nossa necessidade, às vezes quase doentia, de afirmação teórica revela justamente nossa carência: quem não é, mas deseja sê-lo, precisa reafirmar-se a todo instante. Romper com essa dissociação teoria/prática significa romper também com nossa timidez e quase culpa pela "indefinição de um objeto" – como se, não havendo "objeto", desaparecessem as questões, ou estivéssemos impossibilitados de enfrentá-las (veja em que cilada incorreríamos, impondo outra vez a teoria à prática). Talvez por termos nos envolvido tanto com a questão "o que é a Geografia", sem de fato e concomitantemente fazê-la, é que estejamos verificando hoje tantas questões de ordem territorial, concretas, serem atacadas com muito mais garra por outros cientistas sociais. A esse respeito, o nosso "avanço" na definição do que nos cabe fazer parece às vezes estar resumido nessas poucas palavras do historiador Fernand Braudel, ainda em 1944 (num comentário sobre livro de Max Sorre): "A Geografia me parece, na sua plenitude, o estudo espacial da sociedade ou, para ir até o fim do meu pensamento, o *estudo da sociedade pelo espaço*" (BRAUDEL, 1978, p. 158)

Vejamos agora, a título de provocação ao debate, algumas noções e metáforas concebidas a partir da espacialidade e que – retomando uma tradição conceitual que, mal ou bem, sempre tivemos – podem e devem ser desdobradas em relação às grandes problemáticas geográficas da atualidade. Apenas como forma preliminar de apresentação, agruparemos essas noções segundo um critério "espacial" de ordenação, distinguindo as de caráter "pontual", "de extensão", "de limites", "de densidade e disposição" e "de fluxos":

a) *pontuais*: localização / posição / sítio / lugar – termos e questões que nos foram tão caros mas que hoje, com raras exceções – (às vezes por puro preconceito) –, não resgatamos e aprofundamos sob uma nova ótica. Depois das "teorias locacionais" associadas ao neopositivismo, as questões ligadas à localização foram bastante menosprezadas.

b) *zonais ou de extensão*: área / domínio / escala / território / paisagem / região – foi preciso um Yves Lacoste e sua "espacialidade diferencial" para relembrarmos o caráter fundamental das escalas, hoje parcialmente retomado. Outros conceitos, como região (DUARTE, 1980; CORRÊA, 1986; GOMES; HAESBAERT, 1988), território (BECKER et al., 1986; MORAES, 1988), paisagem (SANTOS, M., 1982) e mesmo "extenso" (proposto por C. SANTOS, 1986) começam a ser retomados, alguns com tal amplitude que se inserem em outras áreas de conhecimento. Ver, a propósito, a noção de território/territorialização em Guattari e Rolnik, 1986, e Maffesoli, 1987, assim como o conceito de região em Silveira, (1984), historiadora que utilizou concepções geográficas em sua análise sobre o Nordeste.

c) *de limites*: fronteira / barreira / transição – a questão da delimitação geográfica (nunca rígida e estanque, mas sempre condicionadora) tem sido um tanto negligenciada em nossas pesquisas. Um conceito que tem recebido maior atenção é o de fronteira (de colonização, pelo menos), como se vê em Aubertin (1988).

d) *de densidade e distribuição espacial*: concentração e dispersão / centro e periferia / rede, malha / segregação espacial, gueto – elementos fundamentais para compreender a disposição dos fenômenos no espaço e as implicações dessa espacialidade nas demais dimensões do social.

e) *de fluxos*: migrações, deslocamentos / difusão / sedentário-nômade – aqui, a questão das velocidades e seus efeitos sobre o espaço é cada vez mais relevante (a esse respeito cabe investigar a instigante obra do francês Paul Virilio). A noção de nomadismo, utilizada de modo inovador por F. Guattari e G. Deleuze, já aparece no Brasil em alguns trabalhos da área de Antropologia.

Outro elemento extremamente relevante para ser retomado com mais vigor é a representação cartográfica. Certamente, por termos, nestes últimos anos, marginalizado o mapa (muitas vezes tomado como sinônimo do "empirismo" que desejávamos superar), noções aparentemente simples ("empiristas"), como muitas referidas acima, não foram desdobradas. É preciso resgatar a dimensão cartográfica aos nossos trabalhos; o mapa representou um dos elementos que mais nos identificavam, constituindo mesmo, através de suas sínteses, algumas contribuições importantes para outras áreas. Além disso, a moderna cartografia representa um amplo manancial para novas descobertas e, sem dúvida, para um entendimento mais rico da espacialidade.

Num sentido mais geral e ainda como questões a serem desenvolvidas (projeto no qual, neste caso, estamos pessoalmente empenhados), destacamos a relevância de estudos sobre a especificidade dos processos/estratégias de *territorialização* que se desenvolvem na atualidade. Compreendida a "territorialização", de modo muito genérico, como o conjunto das múltiplas formas de construção/apropriação (concreta e/ou simbólica) do espaço social, em sua interação com elementos como o poder (político/disciplinar), os interesses econômicos, as necessidades ecológicas e o desejo/a subjetividade, é possível (não) concluir propondo pelo menos duas questões básicas, que pretendemos aprofundar em próximos trabalhos:[9]

1. a interação/segmentação entre os diferentes dispositivos e estratégias territoriais promovidos pelos distintos grupos sociais – seja na ordem mais objetiva da funcionalidade (econômico-produtiva, político-disciplinar), seja na ordem simbólica, mais subjetiva (cultural ou "das mentalidades").

[9] Vide, neste livro, artigos sobre as escalas espaçotemporais e os processos de desterritorialização.

2. a interação/segmentação entre diferentes *escalas espaçotemporais* (geográficas e históricas) de territorialização/desterritorialização (nas quais o espaço capitalista é pródigo).

A questão, ainda mais ampla, na busca por uma fundamentação filosófica mais consistente, menos fragmentadora, que rompa com os dualismos clássicos entre teoria e prática, objetivismos e subjetivismos, materialismos e idealismos, é desdobrada de maneira provocadora na expressão do filósofo Cornelius Castoriadis:

> Uma dialética "não espiritualista" deve ser também uma dialética "não materialista" no sentido de que ela se recusa a estabelecer um ser absoluto, quer seja como espírito, como matéria ou como a totalidade, já dada de direito, de todas as determinações possíveis. Ela deve eliminar o fechamento e a totalização, rejeitar o sistema completo do mundo. Deve afastar a ilusão racionalista, aceitar com seriedade a ideia de que existe o infinito e o indefinido, admitir, sem entretanto renunciar ao trabalho, que toda determinação racional é tão essencial quanto o que foi analisado, que necessidade e contingência estão continuamente imbricadas uma na outra, que a natureza, fora de nós e em nós, é sempre outra coisa e mais do que a consciência constrói [...] (CASTORIADIS, 1982, p. 70).

A História não seria, assim, nem um turbilhão tempestuoso e caótico, totalmente imprevisível, diante do qual nos tornaríamos céticos (desesperados ou resignados), nem uma peça com enredo e atores previamente conhecidos, em que todo jogo já estaria "armado" e, portanto, não nos caberia duvidar de sua finalidade (passível de ser desvendada integralmente pelo pesquisador) ou atuar para modificá-lo. A História seria, isto sim, um labirinto, conforme sugere Norberto Bobbio, onde a presença do novo, do imprevisível, não nos impediria de alcançar determinadas aproximações ou "verdades", na trilha sempre tortuosa pela obtenção do conhecimento. Uma racionalidade que, apesar de não partilhar de uma objetividade plena, e de conviver com o mistério dos sentidos, do prazer e das "ilusões", não se nega à tarefa de buscar respostas, mesmo sabendo que elas serão sempre provisórias.

Certamente um caminho promissor para essa busca está na retomada, com novo ímpeto, dos trabalhos "concretos", nem empíricos, nem teóricos, num sentido estrito, abertos à indeterminação da história e por isso mesmo profundamente alicerçados na crítica. Uma crítica que não seja apenas um instrumento de denúncia, que tem sempre um tempo demarcado para efetivar-se, e que por isso se esgota – como ocorreu com a "Geografia de denúncia" há alguns anos – mas que se alie às transformações, numa "práxis" que, no dizer do próprio Marx, só se torna válida na medida em que consegue intervir na realidade, na sua mudança. O que não significa que a vida, o mundo da "prática" e da "criação", se restrinja à materialização de novos objetos, externos ao "sujeito", pois este também é dotado do poder de criar, na esfera do simbólico, dimensões da realidade *vivida* (nos termos de Lefebvre) que não podem simplesmente ser reduzidas a um "idealismo das aparências", muito menos a um "reflexo das condições materiais". A vida-realidade é bem mais complexa do que a objetividade da filosofia dita materialista nos faz crer.

Essa crítica deve envolver também a recuperação do nosso passado – um passado que em tantas outras "rupturas" renegamos e que precisa, na dialética do presente, ser resgatado – ou, no mínimo, repensado. Poderíamos nos lançar a essa empreitada começando por adotar uma nova postura ética[10] em que, para além das querelas pessoais fragmentadoras, pudesse surgir a soma de esforços e o reconhecimento das contribuições efetivamente inovadoras para o conhecimento do espaço social. Como se, assim, mudássemos de direção a nossa arma: em vez de apontá-la para nossos colegas, em disputas infrutíferas e voltadas quase sempre para vaidades pessoais dentro do restrito círculo acadêmico, a levássemos para o verdadeiro campo de batalha – a própria sociedade onde, além dos verdadeiros interessados em nossos projetos, estão também os verdadeiros "inimigos" a serem atacados. O que não significa que admitamos uma dicotomia (embora algumas posições às vezes a manifestem) entre "círculo acadêmico" e "sociedade", e que não consideremos relevantes tantas batalhas frente a ideias (e não pessoas) autoritárias e/ou conservadoras. O que condenamos é que se sobrevalorize essa luta "interna", fragmentadora, e se percam oportunidades de somar frente aos verdadeiros embates em que é necessário se engajar.

[10] V. o texto "Por uma nova ética geográfica", de nossa autoria, no *Boletim da* AGB, seção Niterói (RJ), nº 6, ano 2, nov. 1988.

Em toda crise colocamo-nos, de alguma forma, em pé de igualdade, em que só o que se proíbe é esquivar-se da luta/das buscas que ela envolve. É imprescindível, portanto, engajar-se (mas não num engajamento uno e faccioso), de modo a reconhecer na própria multiplicidade do mundo os caminhos fundamentais para o nosso projeto de transformação. Insistimos em impor um projeto de interpretação ao fazer-se da história (nosso raciocínio dicotomizador nos treinou para uma razão irrestrita, castradora do novo, eliminadora de contradições e ambiguidades). É hora de aprendermos a encarar o conflito como parte integrante da existência, de assumirmos a crise da própria ética dominante e de recuperarmos as "unidades" perdidas entre a teoria, a ética e a "realidade" – e, para tanto, construir um novo espaço é imprescindível.

Com certeza, o novo espaço que buscamos não é o espaço unilateralmente disciplinador de um Ceasescu, por exemplo, que demoliu o centro histórico de Bucareste e seis mil aldeias romenas em nome da "homogeneização cada vez mais forte do nosso socialismo", da "criação do povo único obreiro", do "homem novo socialista". A geração do homem e do espaço "novos" não passa simplesmente pela consciência iluminada de sábios ou heróis que "trazem" as respostas ao mundo, como acreditou-se um dia. Certamente não é essa a nova ética que queremos, que sob o signo de um mundo irrestritamente objetivo, apreensível em sua "essência" numa ótica única, propõe a norma universalizante que abrigaria todas as diversidades humanas. A nova ética, a nova política e o novo espaço que almejamos absolutamente não estão dados, mas começam sem dúvida a ser gestados e, embrionariamente, aparecem, aqui e ali, nas próprias alternativas de organização social e de ordenação do território (captar e estimular essas alternativas é preciso).

Frente a uma nova Europa, metanação unificada, e um Oriente que cada vez mais se fortalece e se impõe, às vezes nossa tendência é arrefecer e mesmo desistir da luta, tamanhas as dimensões desses novos Golias. A verdade é que não há mais um capital ou um Estado contra os quais pudéssemos contrapor um projeto, uma luta. Se o capital e o Estado estão em todo lugar, aí pode estar ao mesmo tempo a sua força e a sua debilidade. Há um momento em que o todo totaliza tanto que acaba perdendo sua própria identidade (pois aquilo que está em todo lugar acaba por não estar em parte alguma...). Assim, torna-se impossível, e mesmo sem sentido, impor a uma totalização que se pretende tão ampla outra que a contraponha, ou que tome o seu "lugar" (como se este fosse facilmente discernível).

Talvez a única luta plausível, hoje, esteja no plural: os grupos/classes sociais em todo canto tentando conquistar seu espaço, seus "territórios"; movimentos de toda ordem proliferando contra a opressão que também vem de várias fontes. As alternativas gerais parecem ser duas: ou caímos no niilismo do "deixa como está", pois somos impotentes e não há valores universais a seguir, ou superamos o niilismo pelo revigoramento da vontade, nas múltiplas lutas pela reafirmação não dicotomizadora da vida.

Despojados da moral que nos era imposta para que enaltecêssemos a bondade apassivadora e a obediência e nos tornássemos "escravos" (como diria Nietzsche), sem aspirações ou conflitos, o que legitima a exploração e a força, podemos agora encarar de frente o novo, e sujeitarmo-nos à sua permanente (re)construção, no convívio com o conflito, no embate sempre renovado e aberto entre diferentes projetos e concepções de vida, em busca de um espaço efetivamente transformador, e de liberdade. Utopia? Sim, mas uma nova utopia pela qual podemos (re)começar a luta que, de antemão, nunca se esgota, porque não pretende resolver todas as contradições e conflitos – fundamentais, em certo sentido, para a própria geração do novo – e que nem por isso se recusa ao trabalho de transformar e, ao mesmo tempo, de viver a unidade/multiplicidade do mundo. Haverá pensamento mais conservador/reacionário do que aquele que pretende se impor sufocando ou propondo "resolver" todos os conflitos pela morte (física ou "ideológica") de todas as oposições?

# QUESTÕES SOBRE A (PÓS) MODERNIDADE*

QUIS
MUDAR TUDO
MUDEI TUDO
AGORA PÓS TUDO
EXTUDO
MUDO

Augusto de Campos

A cadência e o jogo de palavras do polêmico poema concretista de Augusto de Campos revelam bem a angústia e a ambiguidade do nosso tempo: o anseio por mudança, a pretensa realização do novo e, enfim, o paradoxo com o após que é também um "ex"... O "todo/tudo" que a era moderna pretendeu alcançar estaria perdido? O novo, a mudança efetiva, seria mera ilusão? Ou, ao contrário, tudo vai continuar sempre mudando, ainda que sem o sentido linear e pretensamente previsível com que encarávamos o futuro? A Geografia (vide as obras fundamentais de HARVEY, 1992 e SOJA, 1993) e outras ciências sociais, que tanto têm-se utilizado (e, às vezes, abusado) do termo modernidade, muitas vezes esquecem a complexidade com que este termo tem sido tratado, principalmente a partir do debate entre "modernos" e "pós-modernos", que teve início na Arquitetura, no final dos anos 70.

A chamada "crise de paradigmas" contemporânea, plena de indagações que alguns creditam ao clima *fin-de-siécle*, pode ser reconhecida, entre outros, através do debate entre Modernidade e Pós-Modernidade. Picó (1988) chega mesmo a afirmar que esta polêmica teria substituído o grande debate da década anterior, envolvendo marxismo(s) e positivismo(s). Mesmo reconhecendo as restrições que os marcos cronológicos implicam, a verdade é que a década de 1980 pode ser considerada um limiar muito importante na definição das crises e mutações do mundo contemporâneo.

* Este capítulo reproduz, na íntegra, artigo originalmente publicado com o título "Questões sobre a (pós)modernidade" em *GeoUERJ*, n.2, dez. 1997, p. 7-22, que tomou como base os textos "(Pós)Modernidades" (trabalho final da disciplina "História Contemporânea e Geografia", prof. Milton Santos, 1990) e "(Post)Modernités: de multiples chemins" (apresentado no Seminário da Comissão de Redação da Revista *EspacesTemps*, Saint-Prix, 11 e 12/04/1992, a convite do prof. Jacques Lévy).

Se levarmos a sério afirmações como a de Picó, podemos admitir que a ruptura representada pelos acontecimentos da última década trouxe, pelo menos no nível do debate acadêmico, uma reviravolta surpreendente: tal como em outros momentos, quando um Nietzsche ou um Heidegger balançou as certezas do racionalismo dominante, os autoproclamados pós-modernistas trouxeram à tona, talvez com uma ênfase nunca antes verificada, a contestação dos pressupostos de uma modernidade pretensamente racional/ cientificista e universalizante.

Se antes o debate se limitava à batalha entre diferentes formas de racionalidade (ou de *racionalismo*, para os mais críticos), o pós-modernismo muitas vezes colocou em xeque a própria legitimidade da razão como fundamento ou como única via para o conhecimento e a transformação do mundo. Acusada, muitas vezes em bloco, como veículo de dominação, alguns chegaram a tachar a modernidade de totalitária, repressora da sensibilidade, esta sim a fonte primeira da vida e do conhecimento humano.

Algumas das bases concretas que explicam o surgimento do debate entre moderno e pós-moderno são a falência (enfim escancarada) do "socialismo real", tido ainda por alguns como alternativa para a opressão capitalista (como se não se escondesse ali um "capitalismo burocrático total", como afirma Castoriadis); o agravamento das questões ecológicas, colocando por terra uma pretensão "moderna" de avanço constante da tecnologia e consequente domínio progressivo sobre a natureza; e os movimentos "alternativos" de base cultural (desde o final dos anos 60), como o feminismo, os neorregionalismos e os fundamentalismos nacionais e religiosos que, à direita ou à esquerda, embaçaram o caminho rumo ao pretendido universalismo de uma sociedade "racional", patriarcal e estatal transnacionalizada.

Apesar de ter como elementos propulsores o movimento pós-modernista na Arquitetura e, na Filosofia, o debate entre Jürgen Habermas ("moderno") e François Lyotard ("pós-moderno"), no início da década de 1980, não há dúvida de que, concretamente, o chamado fim da Guerra Fria e o colapso do socialismo real, destruindo a bipolarização social e ideológica diante da qual o mundo e os intelectuais acabavam sempre se posicionando, foram fundamentais para trazer à tona as contradições de uma "matriz da modernidade" baseada, segundo Bidet (1990, p. 50), na "interindividualidade, associatividade e centricidade", comuns aos sistemas capitalista e "socialista".

Mas, afinal, ser moderno corresponderia de fato a todo o quadro negativo pintado pelos pós-modernistas? A modernidade teria uma única face? A velha relação moderno-tradicional voltaria a ser vista dicotomicamente? Foi preciso o pós-modernismo propor "suas" definições de modernidade, ou seja, aquela(s) contra a(s) qual(is) lutava, para que os "modernistas" (a maioria até então calada ou encoberta sob outros rótulos) "acordassem" e levantassem seu brado de guerra.

## A complexidade do pensamento pós/moderno

Aberta a corrida pelo imenso labirinto de definições, cada um tentava defender sua própria (pós)modernidade, de tal modo que em certos momentos elas se confundiam, e parceiros de mesmas ideias e posições se deparavam empunhando bandeiras (rótulos) diferentes. O Quadro 1 é uma tentativa de mostrar esta multiplicidade de interpretações. Vários posicionamentos dos autores são bastante questionáveis, mas acreditamos que pelo menos a "matriz" que conseguimos formular é bastante representativa em relação aos vários momentos em que se pode situar a discussão sobre a modernidade/pós-modernidade, seja em termos de como se vê a amplitude da crise contemporânea (se estamos ou não superando a "era moderna", pelo menos em alguma[s] de sua[s] dimensão[ões]: cultural, política e, mais raramente, econômica...), seja em relação à posição político-filosófica (predominantemente crítica ou conservadora) que assumimos frente às transformações em curso, quer as denominemos modernas ou pós-modernas.

Um elemento importante que não foi contemplado por esta "matriz" diz respeito a se os autores que defendem a modernidade a interpretam, sobretudo, como projeto (inacabado, segundo Habermas) ou como realidade concreta (o que predomina na análise de David Harvey). Além disso, alguns estudiosos são posicionados frente à modernidade antes do advento da "pós-modernidade" (caso de D. Bell) e outros, como Lyotard, mudaram suas ideias ao longo do tempo, sem falar naqueles, minoritários, que dificilmente teriam suas posições definidas (ainda que de forma relativa), simplesmente porque nunca abordaram a questão sob a óptica moderno/pós-moderno.

**Quadro 1. A modernidade/pós-modernidade em suas múltiplas perspectivas e a posição aproximada de alguns autores**

| Crise atual / Amplitude | Valor | Posição Política: Conservadora – Negativa | Conservadora – Positiva | Crítica – Positiva | Crítica – Negativa |
|---|---|---|---|---|---|
| PÓS-MODERNOS | Radical | | | "Anarquistas"<br>Vattimo, Lyotard | Baudrillard (?) |
| | Parcial* | "Neo-conservadores"<br>A. Gellen | | Maffesoli<br>Yudice | Guattari (?)<br>S. Lash |
| MODERNOS | Parcial* | | | Octavio Paz (?) | D. Harvey<br>Castoriadis (?)<br>Jameson<br>Giddens (?)<br>Chesnaux |
| | Radical | Daniel Bell | Fukuyama | | Habermas (?) |

* Mudanças parciais, numa única dimensão social, geralmente cultural.
FONTE: Haesbaert, R. 1992. "(Post)Modernités: de multiples chemins", trabalho inédito, apresentado no Seminário do Comitê de Redação da Revista *Espaces Temps,* Saint-Prix.

A distinção que aparece no quadro entre pós-modernistas "neoconservadores" e "anarquistas" é aquela feita por Habermas (1990, p. 15-16): enquanto os primeiros se despedem "parcialmente" da modernidade, já que uma "modernidade cultural" se tornou aparentemente "obsoleta" ("as premissas do Iluminismo", para Gellen, estariam mortas, só se mantendo em vigor suas consequências, a "modernização *social*"), os segundos "despedem-se da modernidade *no seu todo",* o racionalismo ocidental visto como "subjetividade subjugante e, ao mesmo tempo, subjugada ela própria, por vontade de apoderamento instrumental". Um bom exemplo da posição destes últimos autores é dado pela seguinte afirmação:

> [...] a modernidade deixa de existir quando – por múltiplas razões – desaparece a possibilidade de seguir falando da história como entidade unitária [...] Não existe uma história única, existem imagens do passado propostas desde diversos pontos de vista, e é ilusório pensar que exista um ponto de vista supremo, compreensivo, capaz de unificar todos os demais. [...] Filósofos do Iluminismo, Hegel, Marx, positivistas, historicistas de todo tipo pensavam mais ou menos todos eles do mesmo modo que o sentido da história era a realização da civilização, isto é, da forma do homem europeu moderno (VATTIMO, 1990, p. 10-11)

Um outro autor, Michel Maffesoli (1987, p. 9), faz uma dissociação simplista entre Modernidade, associada com "estrutura mecânica", "organização econômico-política", "indivíduos (função)" e "grupos contratuais", e Pós-Modernidade, associada, respectivamente, a "estrutura complexa ou orgânica", "massas", "pessoas (papel)" e "tribos afetuais". Embora em tensão nos mais diferentes domínios, estaria ocorrendo um deslocamento da primeira em direção à segunda, com a evidente defesa feita pelo autor de um "neotribalismo" com sua "socialidade" pós-moderna.

No ponto de vista de Huyssen (1988), Habermas defende uma modernidade "livre de toda tendência niilista e anárquica própria do modernismo", bem como do "(pós)modernismo estético de seus opositores" (como Lyotard), enquanto Lyotard defende um pós-modernismo que "se propõe liquidar com qualquer reminiscência do modernismo ilustrado herdado do século XVIII" e que constitui a base da modernidade habermasiana.

Podemos afirmar que, entre os autores que propõem estarem ocorrendo mudanças muito expressivas, mas no interior da sociedade "moderna" (capitalista), estão Jameson (1991), Lash (1990) e Harvey (1992). Jameson admite que o pós-modernismo se restringe à "lógica cultural" do capitalismo avançado (ou, nos termos de Mandel, 1982, tardio). Lash também considera que o pós-modernismo está "confinado ao reino da cultura" e que o "pós-industrialismo" não faz parte dele, mantendo-se entre eles apenas uma "relação de compatibilidade". Assim, a pós-modernidade não seria "nem uma condição nem [...] um tipo de sociedade" (como a "sociedade industrial", "capitalista" ou "moderna") (LASH, 1990, p. 3-4).

Para complicar, segundo Castoriadis (1990), que vê o pós-modernismo dentro de uma "época de conformismo generalizado", o período "moderno" se define pela luta e imbricação mútua entre duas "significações imaginárias: a autonomia de um lado, a expansão ilimitada do 'domínio racional', de outro" (p. 17). Se levarmos em conta que a autonomia nunca esteve tão longe de condicionar o desenvolvimento do capitalismo, "sem oposição interna efetiva" e dominado pela "expansão ilimitada de um (pseudo)domínio (pseudo)racional" (p. 23), a modernidade teria acabado. Mas como o autor considera que o projeto de autonomia, embora radicalmente "inadequado" aos programas concretos da "república liberal" e do "'socialismo' marxista-leninista", com certeza não acabou, depreende-se que a modernidade foi completamente subjugada por sua vertente racional-capitalista, restando de pé, totalmente por efetivar, o projeto de autonomia individual e social.

Esse quadro evidencia bem as dificuldades em caracterizar a fase em que vivemos a partir dos "paradigmas" (se é que assim podem ser considerados) da modernidade e da pós-modernidade. Em uma época de crise social e filosófica tão drástica como esta, as palavras rapidamente perdem seu sentido e enfrentamos enormes dificuldades para sintetizar/apreender a dinâmica social. Como no caso da (pós) modernidade, a mesma palavra pode subitamente adquirir concepções totalmente opostas, servindo mais para confundir do que para esclarecer. Um exemplo claro, no âmbito da Geografia, é, no nosso ponto de vista, a rotulação de "geografias pós-modernas" proposta por Edward Soja (1993) no título de sua obra, que mantém como base de interpretação (apesar de alguns entrecruzamentos com autores não marxistas, como Foucault) um paradigma tipicamente "moderno" – o materialismo histórico e dialético. Tentaremos, então, buscar algum consenso ou, pelo menos, como já estamos fazendo, distinguir melhor as questões que se colocam em meio a essas múltiplas concepções de modernidade.

## O presente, a técnica, a velocidade, a mudança

Se ser moderno é "estar de acordo com sua época", como o senso comum legitimou, também é, como indica a própria raiz do termo, "estar na moda", acompanhar o momento.[1] Mas viver o presente ignorando o passado é *modismo*, é seguir constantemente "na crista da onda" que marca o presente, é não se fixar/se enraizar em objetos e ideias, é mutação/"desterritorialização" permanente, velocidade que não para, só passa – rede/fluxo que pensa a mudança como simples mobilidade, pois mutação que se dá todo tempo acaba se tornando um mudar por mudar, sem atingir mais do que a superfície dos fatos. Como afirmou o grande "teórico da velocidade", Paul Virilio (1984, p. 65), "quando você vai depressa demais, você é inteiramente despojado de si mesmo, torna-se totalmente alienado. E possível, portanto, uma ditadura do movimento".

Poderíamos mesmo propor, como a imagem físico-matemática que melhor reproduz a modernidade "vivida" (pelo menos pela elite planetária), um "movimento retilíneo logaritmamente acelerado", em que o elemento básico propulsor dessa velocidade seria a inovação tecnológica e suas "redes", permanentes destruidoras/reconstrutoras de territórios. Na ânsia pelo novo e no fascínio por essa velocidade de crescimento avassalador, teríamos desembocado no paradoxo lavoisieriano defendido hoje pelos pós-modernistas: de tanto acelerar sua mudança, o mundo moderno teria caído no "nada se cria, tudo se repete" (ou se copia, se simula). A modernidade, e especialmente a modernidade contemporânea, que autores como Santos (1985) denominam, muito apropriadamente, período/meio técnico-científico, vê na mutação técnica a (ilusão da) mudança real, efetiva.

A modernidade no sentido de viver o presente, um presente constantemente mutável, traz em si uma deficiência crônica: como definir uma era denominando-a com um termo que significa, sobretudo, "presente", "atualidade"? Desta forma estaríamos permanentemente na modernidade, pois ninguém consegue viver fora do presente... E como poderia ser definida a era que sucede a modernidade: "uma era em que o presente seria abolido", um presente que, por não ter novida-

---

[1] O termo *modernus,* segundo Kumar (1996), deriva de *modo,* que por sua vez significa "recentemente", "há pouco", palavra de tradição tardia no latim, usada inicialmente no final do século V como antônimo de *antiquus.* Trata-se, portanto, de expressão de origem medieval, quando, sobretudo após o século X, também se tornaram comuns os termos *modernitas* ("tempos modernos") e *moderni* ("homens do nosso tempo"). Pode-se associá-lo, assim, a uma contraposição paradoxal entre mundo pagão e mundo moderno, cristão, com Cristo atribuindo um "real" significado à vida humana.

de, nada mais faz do que reproduzir o passado? Castoriadis (1990) assim se expressa:

> [...] como deveremos chamar aqueles que vêm depois de nós? O termo moderno não tem sentido senão na hipótese absurda de que o período autoproclamado moderno durará para sempre e o futuro não passará de um presente prolongado – o que, por outro lado, contradiz plenamente as pretensões explícitas da modernidade (p. 13).

O problema maior, aí, é definir de que presente estamos falando, pois "a atualidade" só se define tomando como referência sua relação com outra(s) temporalidade(s), e não apenas no sentido linear-evolucionista de temporalidade, mas do convívio simultâneo de tempos de diferentes durações (o espaço, a simultaneidade, como uma "acumulação desigual de tempos", como propôs SANTOS, 1978). Assim, a abolição do passado e a fetichização do presente, "olhando apenas para o futuro", se é que existiu, foi como mito de uma parcela de modernistas mais exacerbados.

Essa "anulação do espaço" (das distâncias) "pelo tempo", como já prenunciava Marx, acabou se tornando um mito que as novas tecnologias de comunicação e transporte da "ultramodernidade" (termo utilizado por BOSI, 1992) tentam nos impor. Um simples mapeamento das áreas de acesso difícil ou praticamente nulo para a maioria dos habitantes do planeta revela que podemos não só reconhecer um mundo capitalista, "moderno", de "globalização" altamente elitizada, com uma massa de expropriados reclusa em territórios desconectados das redes da "modernidade" global, como também o fato de que a própria elite que dispõe do acesso aos meios de transporte mais sofisticados não tem a liberdade de se deslocar para onde bem entender. A *impermeabilização* de muitos espaços é cada vez mais real diante do próprio abandono de muitas áreas do planeta à sua própria sorte e do surgimento de novos tipos de conflito aparentemente sem controle ou vinculação a uma "ordem" amplamente difundida (como, mal ou bem, mais cedo ou mais tarde, ocorria com os conflitos da época da Guerra Fria, atrelados ora ao "bloco capitalista", ora ao "bloco socialista").

O mapa 1 é uma tentativa, genérica, de demonstrar esse acesso restrito ou altamente seletivo que transformou vários espaços do planeta naquilo que Rufin (1991) denomina "novas *terrae incognitae*", cujo acesso, às vezes, é completamente vedado ao "estrangeiro". O mapa aponta grandes cidades em que a desigualdade social e a exclusão relegaram vastas áreas a domínios paralelos com controles muitas vezes altamente restritivos (como os do narcotráfico e das gangues urbanas). Além disso, imensas áreas, especialmente na "periferia abandonada" em que se transformou o coração da África, vivem em permanentes conflitos que impedem, até mesmo, a passagem de turistas.

Eis a peça que a modernidade (ou, para alguns, *pós*-modernidade) contemporânea nos prega: acelerado constantemente o processo de mudança, chega-se a um ponto tal em que se confunde a transformação com a simples mobilidade (e esta é vista como se fosse a mesma, para todos e em todos os lugares), a des-re-territorialização com a simples destruição de territórios (o pleno domínio em relação aos constrangimentos espaciais e/ou "naturais"). Não distinguimos mais o que é superficial do que é essencial: tudo é verdade – e tudo é fantasia, ilusão... Simulamos o mundo (e o conhecimento do mundo); somente a fé nos permite dizer que esta simulação é real. E, como num toque de mágica, basta acreditar para que a realidade se faça...

Cansados da racionalidade e da pretensa objetividade "modernas", é possível sucumbir num "pós-modernismo" conformista, por ser incapaz de estabelecer referências mais amplas para (re)fazer a crítica e/ou avaliar a ação humana. Assim, o enfraquecimento da crítica ou do próprio dar sentido ao mundo se estabelece no momento em que a ação de modernizar, as práticas da "modernidade" parecem estar mais impregnadas no cotidiano planetário – nunca nosso dia a dia teria sido invadido por um processo econômico, cultural e político de dimensões tão mundializadas, e, ao mesmo tempo, nunca, na era moderna, estivemos tão céticos em relação aos valores universais a seguir.[2]

[2] Giddens (1991, p. 173-177) afirma que "uma das consequências fundamentais da modernidade [...] é a globalização", "a modernidade é inerentemente globalizante [...]. Muitos dos fenômenos frequentemente rotulados como pós-modernos na verdade dizem respeito à experiência de viver num mundo em que presença e ausência se combinam de maneiras historicamente novas", entrelaçando o global e o local de maneira complexa. Nessas condições, poderia supor-se "uma renovação da fixidez em alguns aspectos da vida que lembrariam certas características da tradição".

## MAPA 1. Territórios de Exclusão

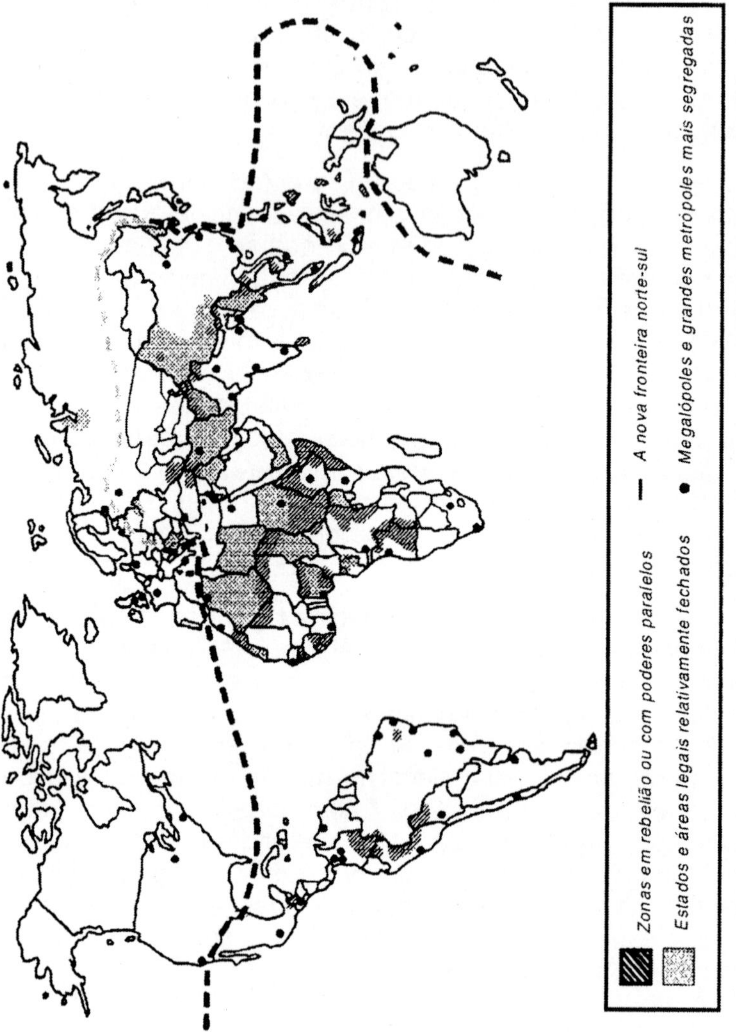


Fontes: Rufin (1991), Almanaque Abril, Le Monde Diplomatique. Compilação: Rogério Haesbaert

## Modernidade "simbólica" e concreta

O mundo contemporâneo vive um enorme descompasso entre o que ocorre em sua dimensão concreta, material, e sua dimensão ou esfera cultural, no sentido mais amplo de "simbólico". Salomon e Laïdi afirmam que as atuais sociedades modernas perderam em sentido o que elas ganharam em poder, em "potência". É muito nítido este poder global, esta potência universalizante da sociedade ocidental capitalista "moderna" – talvez nunca no mundo estiveram tão visíveis aqueles elementos que Touraine (1992) considera constituintes da "protomodernidade":

- a economia de mercado (em tese planetarizada, com o fim do estatismo "socialista");

- a organização-controle estatal/nacional da sociedade (com a descolonização que se consolida neste final de século com a Zona do Canal do Panamá e com Macau);

- a sociedade de consumo (e toda a cultura que ela implica).

O fracasso do socialismo real (ou "irreal", como prefere Gorz, 1992) e o avanço do capitalismo na China, assim como a difusão global da mídia (especialmente o rádio e a televisão) são alguns dos fenômenos que demonstram a consecução daquilo que o historiador Fernand Braudel e o economista Immanuel Wallerstein denominaram economia ou sistema-mundo. Por outro lado, este "movimento sistêmico" carrega sempre, indissociável, sua contra-face, processos fragmentadores e/ou que fazem uso das brechas do sistema para se impor. Em momentos como este, pós-Guerra Fria, quando desapareceu a opção compulsória entre dois padrões de sociedade que disputavam a hegemonia do mundo, a crise, inerente ao capitalismo, nosso único grande sistema, se torna muito mais evidente, e sair dela significa, hoje, praticamente optar pela completa marginalidade.[3]

[3] Na qual, sem opção, mergulha uma parcela cada vez maior da humanidade (nem exército industrial de reserva, nem virtual mercado consumidor), o que leva autores mais pessimistas como Kurz (1992) e Enzensberger (1992) a levantarem com seriedade a hipótese da catástrofe ou da "guerra civil" generalizada.

A força do modelo ocidental (capitalista/urbano/estatal) de sociedade e sua mundialização, levam-nos a analisar a vertente sociológica da modernidade, ou seja, aquela que não considera apenas a formação das *ideias* modernas (como em geral acontece com o debate sobre a modernidade), mas também da sociedade concreta que as instituiu e que, ao mesmo tempo, nelas se inspirou para se realizar.

Mesmo se admitirmos, como Baudrillard, que a modernidade não é estável e irreversível senão como sistema de valores, como "mito", seria muito empobrecedora uma análise do moderno que se restringisse à história das ideias. Como parte da vaga "pós-moderna" que às vezes reduz o mundo ao relativismo de um conjunto de narrativas, signos e interpretações, virou moda, hoje, mais uma vez, falar em hermenêutica, simplesmente trabalhar sobre a interpretação dos discursos. Talvez isto explique um pouco as raras explicações/teorias construídas a partir da análise da realidade concreta, da sociedade "real" (que inclui também, é claro, como sua *parte* indissociável, o campo das ideias), reduzida às múltiplas leituras subjetivas que dela podem ser feitas.

Podemos ampliar para grande parte dos intelectuais a afirmação de Castoriadis (1990) proposta para alguns filósofos, quando ele diz que nós nos preocupamos "não com as mudanças na realidade social-histórica, mas com as mudanças (reais ou supostas) na atitude dos pensadores [...] a respeito da realidade". É por esta dissociação entre pensamento e prática que se torna cada vez mais difícil entender a sociedade contemporânea, e a maioria dos intelectuais, em diálogos fechados de academia, distancia-se das problemáticas concretas para as quais deve(ria) ajudar a encontrar respostas.

A modernidade que buscamos definir aqui não é, em hipótese alguma, apenas a modernidade dos filósofos, fundada por um Descartes, um Kant ou um Hegel, mas também, e sobretudo, a modernidade histórico-social, concreta, quem sabe fundada pelo movimento Renascentista, incluindo aí desde eventos como a descoberta de "novos mundos" (o conhecimento e apropriação do globo terrestre como um todo), até reformas culturais, como a protestante, e técnicas, como aquelas resultantes do progresso científico e da "revolução" industrial.

É verdade que a modernidade se define melhor como "uma 'ideia reguladora' (ou desreguladora), uma cultura, um estado de espírito (conjunto de valores)" imposto no final do século XVIII, do que como "um período cronologicamente definido" (DOMENACH, 1986, p. 14). Mas ela de modo algum se restringe ao campo da cultura, muito menos ao do pensamento, como "mito" ou como "um imenso processo ideológico", no dizer de Baudrillard.

A dimensão mítica e/ou ideal da modernidade é acompanhada sempre, de maneira ao mesmo tempo associada e distinta, por uma ação concreta, um processo que muitos denominam "modernização". Desse modo, podemos distinguir, a princípio, dois modos possíveis de definir a modernidade (a consciência desta distinção é muito importante ao utilizarmos o conceito): uma, que prioriza o campo das ideias, da proposição de valores, da criação de mitos (como o da mudança/inovação permanente, o da ruptura radical/revolucionária com o passado e o da conjugação entre razão, técnica e progresso pelo domínio irrestrito sobre a natureza); e outra que leva em conta a construção da sociedade, em suas múltiplas dimensões (econômica, política, cultural, geográfica...), realizando ou não a modernidade "ideial" (do francês *idéel* = referente ao campo das ideias, e não referente a um "projeto idealizado, como comumente se associa).

Conforme nos indica o Quadro 2, devemos caracterizar essa modernidade ao mesmo tempo "ideial" e concreta, considerando, concomitantemente, tanto sua perspectiva diacrônica (temporal/histórica) quanto sincrônica (social/espacial). A primeira põe em causa os marcos históricos que delimitam em conjunto e/ou permitem periodizar a modernidade, considerando pelo menos a distinção entre história das ideias e história social propriamente dita. A segunda leva em conta sua expressão socialmente diferenciada (conforme afete em maior ou menor grau o âmbito da cultura, da política e/ou da economia) e sua difusão geograficamente desigual (especialmente considerando suas diversas escalas de abrangência e os diversos níveis de intensidade, nos vários amálgamas entre o "moderno" e o "tradicional", ou, numa versão mais propriamente geográfica, que desenvolvemos em um outro trabalho, entre os processos de territorialização e desterritorialização).

A dimensão histórica que permite caracterizar e/ou delimitar a modernidade é muito problemática, principalmente quando buscamos, por exemplo, estabelecer seus marcos fundadores. Cada interpretação, cada pensador que tenta responder a esta questão estabelece seus próprios marcos. É possível distinguir, então, definições de modernidade, ao mesmo tempo unidas e distintas, no âmbito da história das ideias e da história social propriamente dita.

**Quadro 2: Modernidade: dimensões e formas de abordagem**

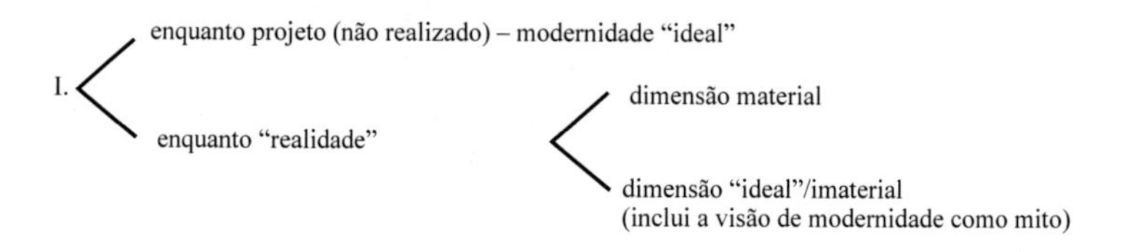


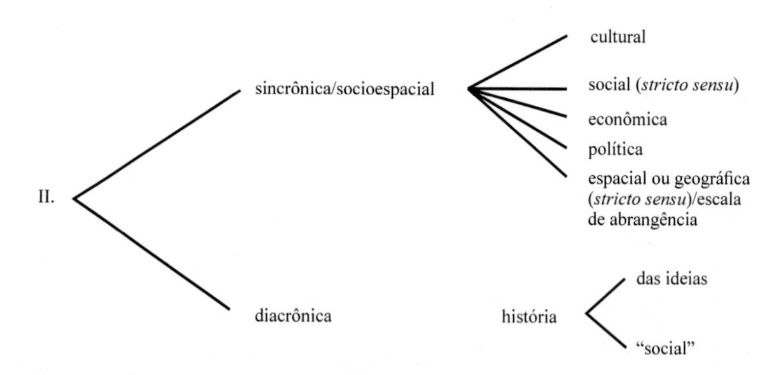


## A Modernidade na história das ideias

Entre os pensadores que são tidos como fundadores da modernidade, temos: Thomas Hobbes (e sua concepção de Estado) para a Ciência Política; Adam Smith (e sua concepção de liberalismo capitalista) para a Economia; Galileu e Newton para as ciências físicas; Spinoza, Descartes, Kant e especialmente Hegel, para a Filosofia; Cervantes (PAZ, 1989a) e Baudelaire para a Literatura.

As controvérsias aqui também são muitas, especialmente no que se refere à Filosofia. Yovel (1991), por exemplo, tomando Spinoza como fundador da Filosofia moderna, define a modernidade como "a aceitação do mundo com todas suas dimensões no contexto real da vida", para o que foi fundamental a secularização do mundo advinda da teoria spinoziana da imanência, segundo a qual o verdadeiro ser não existe senão no mundo concreto.

Para Yovel, os "cartesianismos" seriam modernos entre aspas, em oposição à radicalidade spinoziana. Descartes funda uma modernidade *hard* que, como o pensamento newtoniano, dá origem a uma objetivação radical – e por isso em grande parte mecânica – do mundo (embora por trás dela permaneça um "substrato divino", como em Newton). Muitos, ao definirem a modernidade a partir deste paradigma, simplificam ao extremo toda a ambiguidade e os conflitos que marcam o pensamento moderno.

Um bom exemplo é Lyotard (1986), quando define ciência "moderna" como a ciência que se refere a um metadiscurso (um discurso de legitimação, uma filosofia, em busca da verdade) e contrapõe a ela a pós-modernidade ("simplificando ao extremo", diz ele) como "a incredulidade em relação aos metarrelatos" (LYOTARD, 1986, p. xvi). Para o autor, na cultura pós-moderna "o grande relato perdeu sua credibilidade, seja qual for o modo de unificação que lhe é conferido: relato especulativo, relato da emancipação" (LYOTARD, 1986, p. 69), pois "a ciência joga seu próprio jogo" não podendo assim "legitimar os outros jogos de linguagem" (LYOTARD, 1986, p. 73). Todo consenso seria "local" e baseado em contratos temporários, flexíveis, onde deveria ser reconhecida a heterogeneidade dos jogos de linguagem.

Enquanto "consciência da historicidade da época em que vivemos", a modernidade (filosófica) frequentemente faz referência primeira a Kant. É o caso, por exemplo, da interpretação de Michel Foucault. Castoriadis (1990) questiona essa posição, não só por simplificar a definição da modernidade a partir do pensamento dos filósofos (sem levar em conta a realidade concreta), mas também porque Kant não teria sido o primeiro filósofo a ter consciência da historicidade de seu tempo e não propunha, como afirma Foucault, uma comparação de valor em "relação sagital" (mas sim "longitudinal") com sua época. Segundo Castoriadis, Kant "avalia" a história em termos de progresso ("longitudinal"), tomando o Iluminismo como referência básica. "Se a 'relação sagital' se opõe à avaliação, isto não significa senão que o pensamento, abandonando sua função crítica, tende a tomar emprestados seus critérios junto à realidade histórica, tal como ela é" (1990, p. 14).

Hegel (para Habermas [1990], "o primeiro filósofo a desenvolver com clareza um conceito de modernidade") partilharia esse mesmo espírito ao substituir a história concreta pela história das ideias, conduzindo, "pela unificação do Espírito absoluto", ao "tema antimoderno por excelência do fim da história".[4] Na verdade, radicaliza Castoriadis (1990, p. 15), "Hegel representa a oposição total à modernidade no seio da modernidade ou, de modo mais geral, a oposição total ao espírito greco-ocidental no interior deste espírito". Se o elo razão-realidade, tão enfatizado por Hegel, fazia da filosofia moderna "a verdade de sua época", esta verdade seria "a emergência [...] de uma cisão interna explícita, manifesta na autocontestação da época e no questionamento das formas instituídas existentes [...]". Cabe, então, à filosofia, reconciliar essas oposições (e ser conservadora) ou permanecer crítica, sem a pretensão de conceitualizar e sim de problematizar/questionar sua época.

Mas o papel da Filosofia na História já é "uma outra história [...]". Se cabe à Filosofia problematizar e questionar sua época, podemos dizer que ela o faz desenvolvendo um dos princípios fundamentais da modernidade. Uma das características básicas do pensamento moderno é justamente o desenvolvimento da razão crítica, e não, como muitos autores defendem, o simples domínio de uma racionalidade instrumental, controladora, voltada para o "progresso" tecnológico e o consequente domínio virtualmente ilimitado sobre a "natureza" (noção que já implica uma dicotomia).

Para Vattimo (1991), um dos principais defensores da pós-modernidade, a modernidade se teria esgotado, hoje, no sentido de:

[4] Na definição de Martucelli (1991), a modernidade seria justamente "a vontade dos homens de fazer conscientemente sua própria história".

- culto pelo novo e pelo original;

- história vista como processo unitário, progressivo, de emancipação, reunida em torno de um centro ordenador (o "centro" do Ocidente, por exemplo).

O fim da modernidade surge com a contestação do "modelo ideal de cultura", europeia e ocidental, e a emergência da sociedade de comunicação generalizada, que a caracteriza não como "mais 'transparente', mais 'ilustrada', porém como uma sociedade mais complexa, inclusive caótica", residindo aí, na visão otimista do autor, as esperanças pós-modernistas de emancipação.

Entretanto, se a racionalidade instrumental-utilitarista foi dominante, ela vingou basicamente sob os padrões sistêmicos "desigualizantes" da economia capitalista. Mas mesmo esta "modernidade concreta", esta ação econômico-tecnológica de modernizar, que se projetou cada vez mais pelo mundo, não fez *tabula rasa* de todo o jogo de pluralidades/ tradições que constitui, na verdade, a própria contra-face do moderno, sem a qual ele não se define, pois encontram-se indissociavelmente imbricados. Como lembra Octavio Paz,

> a modernidade é uma tradição polêmica que desaloja a tradição reinante, seja ela qual for, mas ela desaloja somente para, logo depois, dar lugar a uma outra tradição [...] O moderno não se caracteriza somente pela novidade, mas também pela sua heterogeneidade. Tradição heterogênea ou do heterogêneo, ela está condenada à pluralidade: a antiga tradição era sempre a mesma, a moderna é sempre distinta (PAZ, 1989a, p. 17).

## A Modernidade na história "social"

A controvérsia sobre as origens da modernidade no âmbito do que alguns autores consideram a história social ou "história concreta" parece ser ainda maior: os marcos concretos que fundam a modernidade podem remontar ao fim da "verdadeira" Idade Média (conforme defendido por Castoriadis [1990] e por aqueles que veem na visão cristã da história as bases do pensamento moderno), à descoberta da América por Colombo e às grandes navegações, à Reforma protestante de Lutero, ao movimento renascentista e ao "Século das Luzes" (Iluminismo), à Revolução Francesa ou à Revolução Industrial e Tecnológica iniciada na Inglaterra. Nesse sentido, muitos estudiosos preferem distinguir "modernidade" – basicamente ligada à história das ideias, "um conjunto de valores", como defendem Baudrillard e Umberto Eco – e "modernização" – o moderno (capitalista, fundamentalmente) tornado ação e se materializando no espaço social.

A Revolução Francesa adquire um papel quase unânime na formação e consolidação, ao mesmo tempo, de uma visão de mundo e de uma prática "modernas". Como afirma Kumar (1996, p. 92, 93, 94), fazendo uma associação entre Revolução Francesa e Revolução Industrial na formação da modernidade:

> A Revolução Francesa de 1789 foi a primeira revolução moderna. Ela transformou o conceito de revolução. Revolução não significava mais o giro de uma roda ou um ciclo que sempre fazia algo retornar a seu ponto de partida. Nesse momento passou a significar a criação de alguma coisa inteiramente nova [...]. Marcou o nascimento da modernidade – isto é, de uma época que está em constante formação e reformação diante de nossos olhos. Para os filósofos da modernidade, a Revolução Francesa foi uma das principais expressões, como também um dos principais veículos, da nova consciência. Ela anunciou um objetivo do período moderno como a obtenção de liberdade sob a orientação da razão. [...] Se a Revolução Francesa deu à modernidade sua forma e consciência características – uma revolução baseada na razão –, a Revolução Industrial forneceu-lhe a substância material. [...] Parece razoável argumentar que só com a Revolução Industrial britânica, em fins do século XVIII, é que a modernidade recebeu sua forma material, *pois foi o meio pelo qual a sociedade ocidental se mundializou e afirmou sua "superioridade".*

Foi Max Weber quem definiu modernidade unindo razão e técnica. Para ele, ela seria "o produto do processo de racionalização que ocorreu no Ocidente, desde o final do século XVIII, e que implicou a modernização da sociedade e a modernização da cultura".[5] Enfatizando o processo de burocratização, podemos dizer que Weber permitiu salientar, junto à moderna sociedade de classes dominada pelos capitalistas (na visão de Marx), a "classe" burocrática – que acabou tendo sua manifestação mais acabada nos países do socialismo real. Contraditoriamente, para alguns autores que defendem o fim da modernidade, este poderia ser situado

[5] Segundo Martuccelli (1992, p. 9), "a modernidade é associada por Weber à predominância estatística da racionalidade instrumental sobre as outras três formas da ação: a ação com respeito aos valores, a ação tradicional e a ação afetiva".

ainda no final do século XIX (justamente quando Weber identifica os traços fundantes da modernidade), com a crise dos grandes relatos e do "racionalismo científico" (a partir de pensamentos como o de Nietzsche), sendo que uma era pós-moderna se concretizaria relacionada às transformações provenientes da "sociedade pós-industrial",[6] técnico-informacional (LYOTARD, 1986), a partir da década de 1950.

Harvey (1989), por sua vez, encara a pós-modernidade numa perspectiva muito semelhante à de Jameson (1984), definindo-a como uma "condição" que se manifesta mais no âmbito cultural, intimamente vinculada às novas formas de organização do capitalismo. Assim, ele constrói um quadro onde as características do fordismo (economias de escala, capital monopolista, universalismo, sindicalismo, "welfare state", metanarrativas...) estariam associadas à modernidade, e as do chamado pós-fordismo ou capitalismo de acumulação flexível (produção em pequenos lotes, capital fictício, individualismo, ecletismo, desregulação, jogos de linguagem...), à pós-modernidade.

Jameson (1991, p. 40) vê o pós-modernismo como a "lógica cultural dominante" do capitalismo tardio, cujas características essenciais já estariam presentes em qualquer precursor modernista. Ele caracteriza o pós-modernismo por:

- "uma nova superficialidade", que se estende tanto à teoria contemporânea quanto à "nova cultura da imagem ou do simulacro";

- "debilitamento da historicidade": ao contrário do período moderno propriamente dito, "habitamos hoje a sincronia mais do que a diacronia [...], nossa experiência psíquica e nossas linguagens culturais estão dominadas por categorias mais espaciais que temporais";

[6] A sociedade pós-industrial que acompanharia a pós-modernidade foi analisada na hoje clássica obra liberal de Daniel Bell (1977, p. 138): "o advento da sociedade pós-industrial", a partir de seu projeto de estabelecer "um 'jogo entre indivíduos', no qual uma 'tecnologia intelectual', baseada na informação, surge acompanhando a tecnologia mecânica". Ela contrapõe-se, assim, aos projetos da sociedade pré-industrial (um "jogo contra a natureza") e da sociedade industrial (um "jogo contra a natureza fabricada"). Detalhes de forma sistemática encontram-se no "esquema geral da transformação social" nas três sociedades (BELL, 1977, p. 139).

• "um subsolo emocional totalmente novo", onde os sentimentos são "impessoais e flutuam livremente" e a afetividade e a subjetividade se diluem;

• as profundas relações dessas características com a tecnologia.

O autor associa as três fases do capitalismo (com base nas chamadas revoluções tecnológicas) a uma periodização cultural que engloba o Realismo, o Modernismo e o pós-Modernismo. A fase atual do "capitalismo avançado, consumista" ou, mais propriamente, do "capitalismo multinacional", é sua fase mais pura, com "uma nova penetração e uma colonização historicamente original do inconsciente e da natureza, isto é, a destruição da agricultura pré-capitalista do Terceiro Mundo pela 'revolução verde' e a ascensão dos meios de comunicação de massas e da indústria publicitária" (JAMESON, 1991, p. 81).

Neste ponto é importante reenfatizar que a "modernidade" pode ser definida, em cada situação histórica, tanto a partir de seu alcance social *stricto sensu* quanto geográfico. Assim, é necessário sempre esclarecer se entendemos sua extensão em todos os níveis da sociedade (econômico, político, cultural) e se estamos nos referindo a uma modernidade/modernização mundial ou "regionalmente" difundida. Autores que defendem o advento da pós-modernidade, como Lyotard e Vattimo, situam a modernidade basicamente na chamada sociedade industrial ocidental e enfatizam sua dimensão cultural, embora intimamente associada com as transformações na esfera tecnológica.

Uma contribuição interessante é dada pelo historiador Jacques Le Goff (1988) ao abordar a "modernidade" contemporânea. Considerando a dimensão espacial ou geográfica, ele identifica diferentes processos "regionais" de modernização a partir do embate tradição *x* modernidade. Apesar de atentar para o "caráter relativamente arbitrário dessa distinção", ele caracteriza três tipos de modernização e dá exemplos geográficos para cada um deles:

• a modernização "equilibrada", que realiza uma síntese mais harmônica entre elementos tradicionais (locais) e modernos (ocidentais), como seria o caso do Japão e provavelmente de Israel;

- a modernização "conflitiva", onde convivem em conflito as tradições e a inovação, como nos países árabe-muçulmanos;

- a modernização "hesitante", que atingiu uma parcela muito relativa da população, como é o caso de grande parte dos países da chamada África subsaariana.

A esses três tipos poderíamos acrescentar um quarto, que parece caracterizar melhor o caso latino-americano, em que uma "modernização arrasadora" quase extinguiu completamente as culturas locais, devastou a natureza, promoveu a urbanização da miséria e impôs uma desigualdade social praticamente sem similar em outras áreas do planeta.

Embora a abordagem de Le Goff se prenda mais aos aspectos culturais da modernização e o uso do termo "modernização equilibrada" seja altamente questionável, considerando a lógica capitalista, eles estão associados ao caráter econômico do processo, sendo passíveis de inúmeros desdobramentos e servindo como referências/pontos de partida para análises mais aprofundadas da difusão geográfica/ territorialmente diferenciada das dinâmicas da modernização.

Apesar dessa complexidade social, histórica e espacial com que a modernidade deve ser tratada, e reconhecendo as múltiplas interpretações que dela têm sido feitas, propomos um conjunto de "palavras-chave" para um ensaio de definição (Quadro 3) que, como toda abordagem sintética, implica um grau elevado de simplificação, aberto a muitos questionamentos e deixando inúmeros temas para serem aprofundados.

**Quadro 3: Modernidade: termos-chave**

*secularização* *vontade de saber e de poder*
*"fazer a própria história"* *(conhecer e dominar)*
*crítica* *Instrumental*
*Filosofia* *RACIONALIDADE* *Ciência* *Técnica*
*indivíduo/autonomia/Estado/sociedade/heteronomia*
*des-ordem* *ordem, disciplina, estratificação*
*diferença* *des-igualdade*

*Mobilidade, velocidade, "novo", des-territorialização*

*Crise,revolução*
*CONFLITO, CONTRADIÇÃO, AMBIGUIDADE*
*universalismo e identidade individual/comunitarismo e identidades sociais*

Ao contrário de muitos pós-modernistas que acusam a modernidade por seu caráter objetivista, dualista e cerceador, os termos enunciados no Quadro 3, sintetizando as múltiplas leituras até aqui comentadas, revelam claramente, antes de tudo, o caráter ambíguo e/ou contraditório da modernidade. Como diz Baudrillard, a modernidade "não é a racionalidade nem a autonomia da consciência individual (que, entretanto, a funda)", ela é "a exaltação *racional* de uma subjetividade ameaçada por todos os lados pela homogeneização da vida social". Não é unicamente a luta entre dois polos (razão e paixão, sujeito e objeto, sociedade e natureza) que marca a modernidade. Ela não é, simplesmente, o domínio de uma dicotomia profunda (que contudo a inaugura), mas também a permanente tentativa de superar essa dicotomia (vide a[s] dialética[s], fenomenologia[s] etc.). Kumar (1996) defende a ideia de que desde a primeira metade do século XIX já havia uma "cultura da modernidade" que era "subversiva à ideia de modernidade", fato já apontado por Bell (1977), para quem a cultura modernista subverte a ordem racional e disciplinar moderna.

Quanto ao caráter "revolucionário", transformador, da modernidade, onde – na afirmação de Marx popularizada por Berman (1987) – "tudo que é sólido desmancha no ar", a modernidade, "mesmo articulada sobre as revoluções, não é a revolução. Ela é, como diz Lefebvre, 'a sombra da revolução frustrada, sua paródia'" (BAUDRILLARD, 1989). Para Octavio Paz (1989b), "o sinal distintivo que marca o surgimento da era moderna" é "a ideia de revolução", sua "religião pública", colocada em crise (para ele definitiva) com a queda dos regimes centralizadores do Leste.

Assim como o individualismo, que substitui o holismo das sociedades tradicionais (DUMONT, 1985) e que convive de modo ambíguo e é alimentado pela construção da "sociedade estatal moderna", com seus valores de pretensão universalista, também a revolução, mito moderno por excelência, enquanto visão unilateral da fundação do novo, como já enfatizamos, tem uma outra face: ao mesmo tempo em que "rompe com o passado e estabelece um regime racional e justo, radicalmente diferente do antigo", é vista como "um retorno ao início", "ao momento da origem, antes da injustiça" ou do momento em que, "como diz Rousseau, um homem marcou os limites de um pedaço de terra e disse: 'Isto é meu'" (PAZ, 1989b, p. 8). Assim, ela é a uma só vez fruto da história e da razão, do tempo linear e da ideia de progresso (da fundação de um território completamente novo), e "filha do mito", "um momento do tempo cíclico" que tenta resgatar uma igualdade e uma fraternidade atemporais, como no paraíso de uma visão religiosa do mundo.

Vê-se assim questionada, também, a tentativa de secularização do mundo, de "desmitificação" e dessacralização da natureza e da cultura, outro pressuposto "moderno" fundamental (enfatizado, como vimos, na definição de modernidade de Yovel). Se o desejo de que os próprios homens sejam donos integrais de seu destino, conquistem sua autonomia – inclusive pelo domínio sobre a "natureza" –, e construam ("racionalmente") a sua própria história,[7] não foi realizado – ou até, pelo contrário, afastamo-nos cada vez mais desse desejo/projeto através da propagação da exploração e da exclusão, com o domínio de uma razão instrumental que tudo tenta objetivar e controlar, "funcionalizar" e transformar em mercadoria – nem

[7] Para André Gorz (1992, p. 2), autor que associa modernidade ("em vias de acabamento – [...] que nunca será definitivo") e socialismo, "[...] a modernidade não reside nem na fé no progresso ou no sentido da história, nem na unidade e universalidade da razão, mas antes de tudo no surgimento do indivíduo-sujeito reivindicando o direito de definir ele mesmo o fim de suas ações, de ser dono de si mesmo e de se autoproduzir, o que implica também que o sentido de seus atos e seu lugar no mundo não lhe são mais garantidos por uma autoridade superior ou uma ordem 'natural'".

por isso vamos desprezar as conquistas sociais efetuadas dentro da própria sociedade "moderna" capitalista, fruto, em grande parte – é sempre bom lembrar – da luta dos explorados e excluídos de sua "modernização".

Se a destruição dos mitos e a secularização "modernas" resultaram, curiosamente, em novos mitos, cabe assumir com mais cautela as conquistas da racionalidade científica e reconhecer que, desde suas origens (basta lembrar a polêmica entre Descartes e Pascal), é pelo embate entre posições divergentes – considerando tanto a razão quanto a sensibilidade, a ciência e a arte, a reflexão e a intuição, num estímulo permanente às várias vertentes da crítica – que a modernidade pode ser (re)definida. Uma era que propõe como seu eixo básico a crítica e, consequentemente, a mudança, é uma era onde se deve, antes de tudo, aprender a conviver com a alteridade, contraditória ou não, o que nos coloca permanentemente em condições de superar convicções, vencer o reacionarismo e com isso conquistar maior liberdade e autonomia, ampliando os laços por uma maior igualdade social. Como no desabafo simples e muito concreto de Darcy Ribeiro num jornal brasileiro em 1992, "modernidade, no Brasil que tem fome, é o povo comer todos os dias, é todo mundo ter um emprego, é toda criança ter uma escola". Ou, numa forma teoricamente articulada, nesta afirmação de Albrecht Wellmer (1988, p. 138, grifo do autor):

> Contra o universalismo democrático da sociedade burguesa podemos objetar hoje que [...] não cabe esperar nem legitimações últimas nem fundamentações últimas, mas isto não significa nem que se tenha que despedir-se do universalismo democrático e do indivíduo autônomo, nem que tenha que se dar por cancelado o projeto marxiano de uma sociedade autônoma nem que se tenha que despedir-se da razão. Significa, isto sim, que devemos pensar o universalismo político-moral do Iluminismo, as ideias de autodeterminação individual e coletiva, de razão e de história de uma nova forma. Na tentativa de fazer isso, é onde eu veria o genuíno impulso "pós-moderno" rumo a uma transcendência da razão. [...] O que está em questão [...] [é] a superação da razão una em uma interação e jogo de racionalidades plurais.

Mais importante do que formular uma definição bem estruturada, o que se revelaria mesmo contraproducente, pois podemos afirmar que a modernidade sempre se define num sentido relacional ("moderno" *x* "tradicional", presente *x* passado... nunca mutuamente excludentes), a principal contribuição deste trabalho, como indicativo para uma discussão mais ampla, foi a de realizar uma sistematização geral dos elementos básicos a serem considerados quando se busca uma definição mais coerente para modernidade. Assim, deixamos várias questões em aberto, mas também, como parece mais adequado nesta temática, indicamos múltiplos caminhos que se pode seguir (por exemplo, ao enfocarmos a modernidade como "realidade", material ou imaterial, ou como projeto "ideal", não realizado), bem como algumas das consequências com as quais nos deparamos ao abordar desta ou daquela maneira a modernidade, conscientes assim das (in)coerências que cada forma de tratamento pode implicar.

# O ESPAÇO NA MODERNIDADE*

O tema modernidade não é propriamente novo na análise espacial. Surpreendentemente, porém, não tem sido objeto de muitas preocupações na Geografia. Isto força quem deseja trabalhar sobre a relação espaço-modernidade a buscar referências dispersas, muitas vezes em autores de outras áreas, e induz, simultaneamente, a uma certa ousadia no tratamento da questão. A tentativa aqui proposta procura entrelaçar as preocupações mais recentes acerca da espacialidade com os marcos concretos de que se reveste a modernidade, especialmente para o caso do espaço metropolitano contemporâneo (que, para alguns autores, já estaria na "pós-modernidade"). Alguns pontos serão apenas esboçados, algumas ideias devem obrigatoriamente ser objeto de análises posteriores, mais aprofundadas. Preocupamo-nos, contudo, em delimitar razoavelmente um ponto de partida e em reconhecer que estamos muito mais incitando um debate que buscando respostas ou concepções acabadas.

O resgate da espacialidade em outras áreas das ciências sociais já permite antever indícios promissores de uma produção acadêmica que insere a temática em circuitos tradicionalmente "aespaciais", como a História e a Sociologia. Apenas para citar alguns autores, lembraríamos:

- Foucault e o tratamento espacial em sua "microfísica do poder" e na noção de panoptismo. Para ele, de maneira simplificada, uma "microfísica do poder" envolve a análise da rede formada pelos poderes que se difundem na sociedade, periféricos ao poder centralizado ou estatal. Panoptismo, por sua vez, manifestaria "um conjunto de mecanismos de que se serve o poder, uma invenção tecnológica na ordem do poder" (FOUCAULT, 1979a, p. 160), que faz uso de determinadas formas espaciais e arquitetônicas para melhor exercer seu controle.

- Guattari e sua "territorialidade", a noção de território sendo entendida "num sentido muito amplo. Pode ser rela-

* Este capitulo reproduz, na integra, artigo com o mesmo titulo, escrito em coautoria com Paulo César da Costa Gomes (Rev. *Terra Livre* n. 5, São Paulo: AGB/Marco Zero, 1988). a quem agradeço a autorização para publicação neste livro.

tiva tanto a um espaço vivido, quanto a um sistema percebido no seio do qual um sujeito se sente 'em casa'. O território é sinônimo de apropriação, de subjetivação fechada sobre si mesma" (GUATTARI; ROLNIK, 1987, p. 323).

• Maffesoli (1987) em seus "territórios tribais", que seriam a espacialização (concreta e/ou simbólica) de microgrupos que hoje, especialmente nas grandes cidades, tendem a formar comunidades unidas por laços afetuais e territoriais, rompendo, assim, com o individualismo das massas.

Embora considerados por muitos como "pós-modernos"', estes autores, sem dúvida, participam da multifacetada corrente que parece impregnar a modernidade desde suas origens.[1] Tratam-se, obviamente, de leituras bastante inovadoras, mas que de certa forma retomam grandes questões da modernidade, enriquecidas pelo divisar de um novo ritmo e de novas pulsões onde a própria "revolução molecular" pode ter lugar.

Embora não seja preocupação sua precisar conceitos, Guattari entende "revolução molecular" como um processo de diferenciação permanente que se estaria contrapondo, hoje, à tentativa do controle social "através da produção da subjetividade em escala planetária" (GUATTARI; ROLNIK, 1986, p. 45), e por meio da qual desenvolver-se-ia uma autonomização de grupos correspondente "à capacidade de operar seu próprio trabalho de semiotização, de cartografia, de se inserir em níveis de relações de força local, de fazer e desfazer alianças etc." (GUATTARI; ROLNIK, 1986, p. 46).

Revoluções menores, é verdade, em relação às utopias com que muitos de nós ainda sonhamos, mas nem por

[1] Daí compartilharmos das ideias de Roaunet (1987), que reconhece em filósofos como Foucault uma revitalização da razão crítica, preferindo inseri-lo em uma postura "neo" moderna e recusando-se a ver em sua obra uma ruptura com a modernidade, em sentido amplo. Não há dúvida, contudo, de que vivemos, hoje, uma crise de vários paradigmas considerados "modernos", mas que ainda refletem, no nosso ponto de vista, uma transformação no seio da modernidade, mais do que uma verdadeira e definitiva ruptura com sua base. Isto não impede que autores como Maffesoli preguem abertamente o advento de uma era pós-moderna (ver, neste livro, o capítulo anterior, "Questões sobre a (pós)modernidade").

isto menos fecundas e perturbadoras, corroendo aos poucos a integridade de nossos "sistemas" (empíricos e conceituais). Geração permanente de um novo que nem sempre ousamos conhecer. Explosão múltipla de significações ocultas na simplificação formal de funções que reconhecíamos para as práticas produtoras do espaço social.

Geralmente, e de modo contraditório a essas evidências, a análise do espaço na modernidade tem sido levada em via de mão única. É muito comum encontrarmos referências a um processo de modernização linear, moldado ainda no século passado, em que são identificados sinais e manifestações de uma transformação comprometida com a noção de avanço e de progresso. Novas técnicas, novas relações sociais, grandes projetos etc. são frequentemente chamados a testemunhar essa propalada modernização do espaço. Este sentido de modernidade, no entanto, parece bastante estreito, pois se posta, deliberadamente, de modo a evidenciar apenas um lado da questão. Assume, assim, um compromisso direto e imediato com um certo tipo de renovação ("progresso", evolução) a partir de um ponto de vista estabelecido a *priori*, procurando ocultar todos os demais.

Se, ainda há pouco, os próprios geógrafos colocavam dúvidas a respeito da pertinência da análise espacial como instrumento útil à compreensão da realidade social, mais difícil seria admitir uma leitura do espaço na modernidade dentro da multiplicidade de elementos que se oferecem como questões concretas a serem trabalhadas. Fecham-se, assim, muitos caminhos para o novo e se corrobora a pretensão de certo segmento da ciência "moderna", que busca a grande e unívoca teoria, resposta encarcerada que, por mais "dialética" que se proclame, permanece impositiva.

Como diria Wilde, essa necessidade de um intelectualismo estável nada mais é do que "uma simples confissão de fracassos" – sem conseguirmos apreender e dar respostas à problemática dinâmica e multifacetada da realidade, ancoramos nossas questões em um corpo teórico já consolidado, onde a "segurança" desta fidelidade (sem amor) torna-nos quase escravos, alheios à instabilidade rica e prolixa que a todo momento tenta nos despertar. Iludir-se de que é possível estancar a corrente, que passa em velocidade e cores cada vez mais surpreendentes, é pensar que fazer ciência no limiar do século XXI ainda consiste na rotulação de conceitos de permanência secular, fugindo, assim, da difícil racionalidade em que se inserem, ao lado da permanência e das regularidades, a incerteza e a ebulição constantes do novo.

Isso não significa, entretanto, que tenhamos de mergulhar "de corpo e alma", mais uma vez, nas vagas do novo. Trata-se, isto sim, de incorporar em nossas reflexões a diversidade, e nela a convivência com o "velho", na complexa virtualidade da mudança, no surgimento permanente do novo, que é, sem dúvida, um dos marcos fundamentais da modernidade. Se, por um lado, estes signos do novo se impõem, é porque se sobrepuseram a outros já existentes, ocorrendo entre eles um processo de luta e interação que caracteriza esta dinâmica. Paralela e concomitantemente, revela-se um outro ângulo, que é o da preservação ou resistência, "resíduo" do processo de substituição e que deve ser igualmente considerado em nossa análise.

Nesse sentido, a modernidade pode ser vista como um período em que se estabelece esse movimento permanente de rápidas substituições e interações do antigo com o novo. E neste contexto é importante levantar a questão de qual novo estamos falando – seria aquele comprometido com uma determinada via que nos é, muitas vezes, indicada como inexorável ou obrigatória, ou existiriam outras nuanças? De certa forma, a modernidade é um tempo de conflitos entre o "moderno" e o "tradicional", mas também entre as visões do novo e a imprevisibilidade das transformações, entre as versões proclamadas da mudança e os processos efetivamente vividos. Compreende assim uma com-vivência – a vivência conjunta de múltiplas intensidades entre conflitos e transformações, resistências e ambiguidades, desordem e organização, compondo uma atmosfera com a qual podemos nos confrontar em diversas escalas e contextos espaciais.

Para Berman (1987), a característica fundamental desse período é a contínua mudança, o movimento ininterrupto de transformação, em que a velocidade e o ritmo são avassaladores, colocando o homem moderno frente a um turbilhão destruidor/construtor que o conduz a uma condição de perplexidade diante de um mundo inconsistente em permanente mutação. Esta avalanche tem como motor propulsor a luta e consolidação da hegemonia burguesa, que se apresentou como a destruidora de todos os valores e representatividades do mundo pré-moderno e que se mantém hegemônica sob a condição de promover contínuas transformações (inclusive dentro de seus próprios segmentos).

De certa forma, a ascensão e criação desse novo mundo, sob a égide da burguesia, procedeu a uma direção inversa à das teogonias clássicas, onde do caos se fazia a ordem. Estes novos deuses, em sua conquista "racional" do mundo, não só transformaram a ordem em caos, como são obrigados a renová-lo (o caos) a cada momento em que se lhes ameaça a ordem. Vemos aí aflorar outro binômio da modernidade: ordem/caos que, ao lado da mudança/permanência, parece constituir a tônica geral deste processo.

O espaço, sem dúvida, é testemunha e veículo dessa dinâmica. Nele são travados combates, estão cicatrizes de lutas, erguem-se monumentos ao novo tempo e através de seus signos há a realização simbólica daquilo que comumente se concebe como "vida moderna". Em síntese, no espaço estão os signos da permanência e da mudança, e são vividos os ritos da ordem e do caos, da disciplinarização e dos desregramentos. Seus múltiplos sentidos são vivenciados, a cada instante, nos mais diferentes lugares do planeta.

## Os sentidos da espacialidade

O papel do espaço, hoje indissociável em suas perspectivas "natural" e "social", pode ser interpretado tanto como "rugosidades"[2] ou "constrangimentos",[3] que redirecionam os processos sociais e econômicos, quanto como referenciais inseridos na vida cotidiana e que perpassam nossas identidades coletivas. Assim, a especialidade não joga apenas um

[2] Para M. Santos (1978, p. 138), "as rugosidades são o espaço construído, o tempo histórico que se transformou em paisagem, incorporado ao espaço", e que, por testemunharem este passado, não se transformam concomitantemente aos processos sociais, interferindo assim na sua dinâmica.

[3] Guattari utiliza o termo "constrangimentos" para designar a interferência de elementos territoriais, seja de ordem "natural" (como uma montanha ou rio), seja de ordem social, na problemática, por exemplo, do planejamento urbano.

sentido decisivo na realização das grandes estratégias político-econômicas da modernidade, como pode também corresponder ao *locus* fundamental para a articulação e conformação de territórios alternativos.[4]

Numa era em que uma "geofinança" (GOLDFINGER, 1986) volatiliza os espaços na mobilidade pretensamente ilimitada do capital, a diferenciação espacial nem por isso perde sentido. Além da necessidade de hierarquizar seus núcleos decisórios em nível mundial, a geofinança encobre toda uma dinâmica micropolítica, inscrita também na desigualdade intrínseca ao próprio sistema e onde, por maior que seja a mobilidade social e econômica, a reterritorialização lhe será sempre indissociável, abrindo aí sulcos para desregramentos que a obrigam a um contínuo retrabalhar dos espaços sociais.

Nas palavras de Guattari, "o objetivo da produção da subjetividade capitalística é reduzir tudo a uma tabula rasa. Mas isso nem sempre é possível, mesmo nos países capitalistas desenvolvidos" (GUATTARI; ROLNIK, 1986, p. 56). A propósito, o autor faz uma interessante distinção entre espaço e território: "os territórios estariam ligados a uma ordem de subjetivação individual e coletiva e o espaço estando (*sic*) ligado mais às relações funcionais de toda espécie" (GUATTARI, 1985, p. 110). Citando o caso da França, ele se reporta não apenas a movimentos de pequenos grupos (de "culturas alternativas", por exemplo), como também ao desenvolvimento de outras "formas de subjetividade coletivas", a que comumente denominamos movimentos regionalistas (lutas como as dos bretões, bascos e corsos, no contexto francês). Aí, a dimensão territorial é parte constituidora tanto da organização de resistências quanto do fortalecimento das identidades regionais.

Para o caso brasileiro, a título de exemplificação, podemos citar algumas tendências dentro do regionalismo gaúcho, hoje ativamente retomado, e que representam não só a resistência a uma cultura homogeneizante, imposta, como permitem certos níveis de manobra política, aglutinando a so-

[4] A propósito, e com relação à dimensão simbólica e político-disciplinar do espaço, tomou-se por base o texto "Territórios Alternativos" (HAESBAERT, 1987, inédito – resumo publicado no *Jornal do Brasil* e reproduzido na introdução deste livro).

ciedade regional com o objetivo de resgatar uma posição econômica e política mais favorável para o Estado (HAESBAERT, COSTA, 1988). Embora manipulado pelas frações regionais da classe dominante, a ambiguidade do movimento manifesta hoje nítidas raízes contestatórias, em que se questiona a própria sobrevivência de seu signo espacial básico de referência, a "estância" latifundiária.

Embora de várias formas articuladas aos comandos gerais do aparelho político-econômico realizado praticamente à escala planetária, essas linhas alternativas de ordenação do território parecem cada vez mais evidentes, afirmando, quem sabe, uma geografia efetivamente engajada com a multiplicidade de significações e virtualidades reveladas pelas distintas escalas espaciais que constituem o momento contemporâneo da modernidade. Paralelo ao entendimento deste fluxo contraditório que imbrica e distingue diferentes escalas como o urbano, o regional e o nacional, é necessário realizar a leitura do espaço da modernidade enquanto repositório de múltiplas finalidades e sentidos.

A grande ênfase dada até aqui pelos estudiosos da espacialidade tem sido a de sua funcionalidade econômica. Cabe então retomar, numa nova óptica, conectada a estes "espaços produtivos", aquilo que denominaríamos, parafraseando as "funções do trabalho", de Foucault, "espaços disciplinares", moldados na rica diversidade cultural dos grupos sociais, e "espaços simbólicos" – o espaço (ou o território) visto assim não só na abordagem estrita de sua funcionalidade produtiva, como também no ilimitado potencial de suas significações sociais.

Embora sem negar que toda espacialidade esteja impregnada, em diferentes níveis, de uma carga simbólica ou disciplinar, alguns espaços parecem assumir primordialmente um destes "conteúdos". Tentaremos, a seguir, mostrar alguns casos que nos parecem mais evidentes, buscando com isto revelar a complexidade por trás do caráter meramente "produtivo" dos espaços e sua relevância para a compreensão do espaço na modernidade.

Para Foucault (1979), o trabalho desempenha para os loucos, os doentes, os prisioneiros e, hoje, também para as crianças (aos quais ainda poderíamos acrescentar os militares e os religiosos), uma função basicamente disciplinar ou de adestramento. O espaço em que se impõe este "outro" trabalho, que não o tipicamente produtivo, é que denominamos espaço disciplinar, pois "a disciplina procede em primeiro lugar à distribuição dos indivíduos no espaço" (FOUCAULT, 1984, p. 130).

Muitos espaços, ao mesmo tempo em que se inserem na reprodução de uma rede centralizada e hegemônica de poder, participam da geração de "micropoderes", onde a disciplinarização cotidiana tem lugar. Assim, a própria fábrica teria desenvolvido sua estrutura particular de controle, em termos de organização do espaço. Há, contudo, aqueles locais que parecem "especializados" na reprodução do poder, no exercício da força e/ou na difusão de normas de conduta. Objetiva-se, através deles, um controle mais eficaz dos segmentos tidos como anômalos ou "desviantes" à normatização dominante (os doentes, os loucos, os "marginais") ou que necessitem ser adestrados para que façam cumprir os valores impostos e reconhecidos como imprescindíveis à reprodução do arranjo social: as crianças e adolescentes, enquanto futuro a garantir e manter; os militares, tidos como responsáveis pela "segurança" do presente; e a maior parte dos religiosos, veiculadores da alienação através de uma "esperança" sobrenatural e de uma bondade apassivadora.

Os dispositivos disciplinares criados para medir, controlar e corrigir a "anormalidade" expressam-se, segundo Foucault, na figura arquitetônica do Panóptico de Bentham, dispositivo que "organiza unidades espaciais que permitem ver sem parar e reconhecer imediatamente". Este mecanismo de disciplinarização estaria presente na estrutura arquitetônica desde o final do século XVIII, sendo, portanto, um referencial espacial da modernidade, enquanto instituidora do poder burguês.

Foucault admite ter descoberto, através dessas "demarcações das implantações, das delimitações, dos recortes de objetos", as relações que existem entre poder e saber, pois "a descrição espacializante dos fatos discursivos desemboca na análise dos efeitos de poder que lhe estão ligados" (1984,

p. 159). E acrescenta que "seria preciso fazer uma 'história dos espaços' – que seria ao mesmo tempo uma 'história dos poderes' – que estudasse desde as grandes estratégias da geopolítica até as pequenas táticas do *habitat* [...] passando pelas implantações econômico-políticas" (p. 212), pois é a partir das "táticas e estratégias que se desdobram através [...] das distribuições [...], dos controles de territórios, das organizações de domínio" (p. 165) que deve ser analisada a formação dos discursos e a genealogia do saber.

Frente à abordagem foucaultiana, em que se afirma um poder onisciente e onipresente (embora multifacetado), devemos enfatizar também a moldagem daquilo que o próprio autor denomina "contra-poderes", as resistências ao panoptismo das instituições, em que cita, por exemplo, o fracasso de muitas cidades construídas para o operariado. Num contexto semelhante, no caso brasileiro, podemos lembrar o conhecido malogro de tantas "remoções" de populações faveladas, onde mesmo a localização em conjuntos habitacionais próximos à antiga favela provoca expressivos rearranjos diferenciadores que contrariam a modelização disciplinadora da urbanização dominante. No âmbito da metrópole, como veremos adiante, são pródigos os exemplos desta constante reordenação diferenciadora, em que diferentes "redes disciplinares" permitem a reprodução de territórios e grupos específicos.

Ao contrário dos espaços fundamentalmente disciplinares, aqueles que denominamos espaços simbólicos não corresponderiam a exemplificações tão nítidas, pois eles parecem manifestar seus múltiplos "valores simbólicos" em permanente associação com outros papéis de natureza mais concreta. Alguns exemplos, entretanto, parecem traduzir de modo claro esta qualificação simbólica do território, como que materializando determinadas concepções e imagens. Assim, tanto os grandes monumentos ou prédios preservados por seu "valor histórico" quanto as reservas naturais, representantes de um alegado "patrimônio", assumem sobretudo um valor simbólico como signos que traduzem uma memória coletiva, nacional, regional ou urbana, perpassando então as mais diferentes escalas socioespaciais – desde o espaço cotidiano de relações até o território internacional.

A manutenção de espaços de referência que um dia forjaram uma determinada identidade territorial, além da potencialidade que manifesta para a congregação de interesses locais ou regionais de resistência a processos que se pretendem homogeneizantes, pode ser também, entretanto, uma garantia para manter a ordem político-econômica instituída. Ao mesmo tempo em que impõem cristalizações, resistências espaciais concretas, os grandes projetos "preservacionistas" transformam-se em elementos simbólicos capazes de resgatar e enaltecer identidades que, com estes referenciais, podem retrabalhar e fortalecer a própria ideologia nacionalista.

Segundo Castoriadis, "nada permite determinar as fronteiras do simbólico", sendo impossível associá-lo a uma lógica e muito menos a uma rede simbólica geral. As formas de veiculação das significações aos símbolos, produtos e produtores não seriam uma nova leitura pela qual daríamos conta de toda a interpretação da realidade, mas oferecer-se-ia como um instrumento suficientemente aberto para dar margem à "imaginação produtiva ou criadora", capaz de ver através das significações bem mais do que a determinação e a causalidade puras, pois, ao mesmo tempo que "determina aspectos da vida em sociedade", o simbolismo está cheio de interstícios e de graus de liberdades. Nas palavras do autor:

> A sociedade constitui seu simbolismo, mas não dentro de uma liberdade total. O simbolismo se crava no natural e se crava no histórico (ao que já estava lá); participa, enfim, do racional. Tudo isto faz com que surjam encadeamentos de significantes, relações entre significantes e significados, conexões e consequências que não eram nem visadas nem previstas, nem livremente escolhido, nem imposto à sociedade considerada, nem simples instrumento neutro e *medium* transparente, nem opacidade impenetrável e adversidade irredutível, nem senhor da sociedade, nem escravo flexível da funcionalidade, nem meio de participação direta e completa em uma ordem racional, o simbolismo determina aspectos da vida em sociedade (e não somente os que era suposto determinar), estando ao mesmo tempo cheio de interstícios e de graus de liberdade (CASTORIADIS, 1986, p.152).

Essa indeterminação e semilogicidade dos símbolos aparece claramente através dos múltiplos sentidos dados a diferentes parcelas do espaço pelos diversos conjuntos da sociedade. "Por suas conexões naturais e históricas virtualmente ilimitadas, o significante ultrapassa sempre a ligação rígida a um significado preciso, podendo conduzir a lugares totalmente inesperados". Assim, por exemplo, no âmbito dos processos de construção dos regionalismos, um mesmo espaço de referência pode revelar diferentes significações de acordo com a apropriação ideológica, simbólica, que se faça de seus signos, sendo que mesmo o sentido atribuído pelos grupos ditos dominantes pode ser desvirtuado por outros segmentos da sociedade (HAESBAERT, 1988). Cabe-nos, então, descobrir estes sentidos e compreender o contexto em que se insere a mediação exercida pelo espaço, já que "um símbolo nem se impõe como uma necessidade natural, nem pode privar-se em seu teor de toda referência ao real" (CASTORIADIS, 1982, p. 144).

Essa constatação de que a espacialidade (social) compreende, ao mesmo tempo, uma dimensão concreta, geralmente vinculada ao seu caráter produtivo e disciplinar, e uma dimensão simbólica que, em diferentes intensidades, convivem num mesmo todo, leva-nos à conclusão de que é impossível apreender a complexidade do processo de territorialização da sociedade sem procurarmos conhecer esta múltipla interação, pois o espaço nunca é transformado a partir de uma intenção perfeitamente determinável e direcionada a uma "função" estanque. Assim, quando analisamos o "espaço econômico" ou o "espaço político", na verdade estamos tratando de faces de um mesmo e indissociável fenômeno que, do mesmo modo que corresponde à materialização objetiva de uma "produção" ou de um "poder", envolve também, e simultaneamente, leituras simbólicas suficientemente abertas para incluir a possibilidade permanente de criação de novos significados.

Toda essa discussão, no entanto, corre o risco de uma certa aridez, se não remontarmos ao seu próprio princípio, o espaço, em suas especificidades. Em distintas escalas espaciais pode-se observar a concretização dessa dinâmica, porém entre elas há uma que é típica deste período – a escala metropolitana, pois a metrópole é, ao mesmo tempo, criação e criadora de modernidade. Aí, o espaço, longe de possuir uma fisionomia unidimensional, se apresenta como verdadeiro labirinto tecido em redes complexas de apropriações sucessivas e de significações diversas que nos conduzem, irremediavelmente, ao jogo dinâmico da multiespectral face da modernidade.

Compreendidas, portanto, essas linhas gerais, tentaremos percorrer algumas trilhas neste intrincado labirinto dos espaços metropolitanos, símbolos inequívocos de uma geografia da modernidade.

## Metrópole – um espaço síntese da modernidade

Há muitos sítios espaciais que poderiam ser escolhidos como exemplos da modernidade, mas nenhum é tão característico e próprio como o fenômeno da metropolização. É neste tipo de organização que encontramos espacialmente a mais singular das formas desses novos tempos. Assim é que Berman, em seu estudo sobre a modernidade, mesmo sem ter qualquer vínculo com o objeto espacial em sua formação acadêmica, dirige sua investigação para os processos ocorridos em Paris (já investigados, em óptica semelhante, por Walter Benjamin), São Petersburgo e Nova York.

O espaço metropolitano é extremamente enfático na medida em que revela as múltiplas conexões dos sentidos atribuídos à espacialidade e incorpora sinteticamente a mudança e a permanência, o caos e a ordem, sem os justapor, congregando-os em uma dinâmica comum que constitui, em certo sentido, a própria natureza dos processos de metropolização. Do ponto de vista físico, podemos dizer que este processo compreende dois elementos básicos: a expansão contínua e a diferenciação crescente da malha metropolitana, ambos veiculadores da mudança e transformação. Não agem, no entanto, separadamente, sendo conjugados e simultâneos. Tampouco compõem um conjunto concatenado ou estritamente comprometido com uma racionalidade explícita.

A lógica do movimento não se dá no sentido de promover uma renovação geral e previsível, como pretendiam muitos planejadores do início do século XX. Muitas vezes, é comum o novo se implantar por sobre um espaço que, em um período imediatamente anterior, havia sido saudado como a "novidade". Existem aí importantes aspectos a sublinhar. O primeiro é que esta contínua mudança, apesar de muitas vezes proclamar-se normatizadora, não tem um compromisso uniformizador efetivo. Ela acabou atuando de maneira a criar cada vez maiores diferenciações na malha urbana, seja na paisagem, nos usos que se fazem predominantes ou nas leituras simbólicas incorporadas a determinados espaços. Há, digamos, uma permanente migração na metrópole, que se estende hoje muito além da mobilidade pura e simples de seus habitantes. Trata-se de um constante rearranjo de valores, formas, funções e significados. Para isso, os ritos de renovação são celebrados cotidianamente, através de permanente destruição/construção da qual a metrópole é testemunha. Analogamente, é como se para permanecer crescendo ela tivesse de devorar continuamente sua prole, e que este fosse o único meio de se manter viva e de assegurar sua potência.

Do mesmo modo, a expansão espacial da metrópole, na formação de sua rede tentacular, também se processa no sentido de reproduzir essa aparente "ilogicidade". O avanço não se faz através de um *continuum* regular e padronizado. As redes metropolitanas se estendem amplamente, fazendo aflorar ou capturando estruturas fora de seus limites físicos imediatamente contíguos. Criam-se, assim, certos intervalos, hiatos que existem e convivem dentro desta extensão mais abrangente.

Esse é o mais eloquente argumento contra o isomorfismo dos planos urbanísticos ou ainda contra aqueles que creem que, no capitalismo, o espaço seja produzido homogeneamente. Generalizam-se, sim, determinados tipos de relações, determinados significados, mas não com o sentido de reproduzir uma homogeneização coordenada e globalizante, pois a crescente diferenciação e segmentação são características fundamentais desse processo. É o que se pode perceber hoje nas metrópoles capitalistas, tanto nos Estados que incorporaram há mais tempo e de modo mais radical a dinâmica da modernidade, quanto naqueles em que, como no caso brasileiro, esse processo se encontra inserido em uma outra teia de contextos histórico-sociais.

Para o primeiro caso, talvez o exemplo de Los Angeles, maior cidade em área contínua dos Estados Unidos (com cerca de 1.200 km²), seja dos mais pertinentes. Tida como a típica "cidade mundial" (SHACHAR, 1983) que prenuncia as manifestações urbanas do próximo século (segundo alguns, da era "pós-moderna"), a cidade se expande por uma imensa superfície, onde a aparente ordenação física manifestada por sua gigantesca e relativamente uniforme rede de circulação (é, por excelência, a metrópole das "freeways") é contestada pela multiplicidade dos grupos e redes sociais que nela se entrelaçam e tentam moldar seus próprios territórios. Apenas 30% dos habitantes de Los Angeles são nativos da cidade, sendo que somente metade da população pode ser considerada de cultura norte-americana. Trata-se da metrópole em que se fala, cotidianamente, a maior quantidade de idiomas, presenciando-se manifestações culturais de várias partes do planeta (há, por exemplo, festivais tailandeses, mexicanos, escandinavos, escoceses e até um Centro de Tradições Gaúchas). Alguns bairros, como Coreatown, Little Tokyo, o bairro latino e Chinatown, representam verdadeiros segmentos alternativos na teia da megalópole.

Essa heterogeneidade é de tal ordem que já foi incorporada pela própria linguagem corrente, pois Los Angeles é conhecida como "um conjunto de cem subúrbios em busca de uma cidade". Para conhecê-la devemos, então, nos despir de qualquer conceito prévio de cidade, como se a megalópole estivesse sendo gerada e recriada a cada momento, e como se cada visitante pudesse inventar ali sua própria cidade, a urbe de seus sonhos (Disneyland, Hollywood e Santa Monica seriam exemplos de tentativas da materialização desses sonhos).

Essa contínua mutabilidade e o ritmo e velocidade das transformações, que em Los Angeles parecem representar hoje o ápice desse processo, tendem a criar uma atmosfera que exige um intenso esforço de cada indivíduo no sentido de reinterpretar, a cada passo, essas mudanças, recriando, ainda que simbolicamente, seus espaços particulares de referência. Somos instados a nos convencer de que vivemos em um universo completamente moldado pelo homem. Toda a natureza parece estar amordaçada, controlada e dominada, enfim, recriada por esse homem sem limites e dotado de uma fúria destruidora e criadora infindável.

As grandes obras e os grandes espaços são marcas desse poder, a magnitude e a escala criando um espaço de gigantes. Imagens e perspectivas incapazes de serem captadas pela extensão do olhar, como que criadas por seres de outra dimensão para este homem-máquina, criador todo-poderoso dos signos do novo tempo. Entre estes signos, talvez aqueles que consigam expressar o símbolo máximo da modernidade sejam as áreas centrais das grandes metrópoles – corações que pulsam, dilatando-se e contraindo-se frente à obsolescência e renovação de suas "periferias, recheados de torres de vidro e aço que se impõem qual símbolos fálicos a prenunciar a infinita potência da modernidade. A onipresença dos arranha-céus, contudo, tenta revelar também aí a diferenciação que em parte a própria burguesia é levada a executar, para a realização mais pródiga de seus ritos.

É assim que mesmo o centro de uma metrópole do Terceiro Mundo, como o Rio de Janeiro, reproduz claramente os efeitos espaciais de uma multiplicidade de funções que se conjugam e acabam realizando uma nova parcelização do território: o lazer na Lapa e na Cinelândia, as finanças na Avenida Rio Branco, o aparelho jurídico-político no Castelo, os múltiplos comércios da rua Uruguaiana ao "Saara" e, em meio a tudo, os nódulos dos monumentos históricos, templos e palácios que resistem no tempo, como "patrimônios" a contradizerem o novo e a corroborarem a ambiguidade geográfica da modernidade.

Num contexto capitalista mais radical, Nova York, expressão maior da imponência verticalizadora das metrópoles, apresenta na própria arquitetura de seus espigões a via para o múltiplo: rompendo com o esquema cibernético dos paredões retangulares de vidro e aço, surgem edifícios como os do Citicorp (com seu topo cortado em ângulo de 45°) e da AT&T (onde o "pós-modernismo" de Philip Johnson inspirou-se no Renascimento), os quais, somados a ousadias do início do século XX (como no edifício da Chrysler), buscam dar nova configuração à aparente homogeneização arquitetônica de Manhattan.

Mas nem só pela imensidão e pela monumentalidade se transfigura a experiência espacial do homem moderno.

Como vimos para o caso de Los Angeles (fato que se repete nas demais cidades mundiais capitalistas), também pela coexistência com grupos muito diversos somos conduzidos a outras escalas e espaços muitos distantes. Ao mesmo tempo, essa contínua diferenciação da malha urbana e a experiência muitas vezes assustadora do desconhecido e do inesperado levam o indivíduo a recriar laços de identidade e enraizamento, fortalecendo grupos e/ou delimitando novos territórios – os guetos, aí, constituindo a expressão mais incisiva dessas comunidades, que procuram reproduzir-se endogamicamente e criar todo um repertório cultural comum e exclusivo do grupo.

É como se a dimensão temporal da modernidade envolvesse, através do e com o espaço, um fluxo multifacetado, alternando pelo menos três segmentos:

- instabilidade ("crise"), em que são contestadas as formas vigentes e gerados os caminhos para o novo;

- luta pela imposição de um desses caminhos, aglutinada entre dois veios: o das propostas macropolíticas normatizadoras e o da recriação de micropolíticas diferenciadoras;

- relativa estabilidade e enraizamento do amálgama produzido por essa luta.

Apesar de intimamente conjugados, esses três segmentos representam a possibilidade de dissociação dentro do processo geral de espacialização da modernidade. É relevante, portanto, identificarmos a assimetria dessa dinâmica. Ela pode ocorrer tanto no sentido sincrônico – os espaços que expressam, ao mesmo tempo e em diferentes intensidades, a "crise", a luta com o novo e a (re)afirmação da mudança –, quanto num sentido diacrônico – a prevalência de um desses três segmentos em determinados períodos de tempo, como parece ocorrer hoje com a crise, tão drástica que já há quem anteveja nela uma condição de pós-modernidade.

No caso do Rio de Janeiro da passagem do século XIX para o XX, por exemplo, observamos, a princípio, um período de acentuada instabilidade e transformações socioespaciais, vinculadas à mutação global da sociedade brasileira.

A nascente burguesia, propalando o “inchamento” e a “degeneração” da cidade, preparava com este discurso o terreno para a imposição de seus modelos, onde o “projeto de regeneração” urbana de Pereira Passos, no início deste século, configuraria sua execução mais contundente. A hegemonia do projeto burguês de “modernização”, ao mesmo tempo em que concebia a disciplinarização da pobreza, segregada em espaços “marginais”, impunha uma nova ordenação territorial viabilizadora dos macroprocessos da produção capitalista. Traduzia, ainda, através do urbanismo e dos padrões arquitetônicos, os signos reprodutores dos símbolos europeus da *Belle Époque*. Sua implantação, contudo, não se deu sem resistências, e os resultados espaciais, contraditórios, dessa complexa mutação, ainda hoje podem ser desvelados em muitas facetas do Rio metropolitano (sobre as transformações do espaço carioca v. Abreu, 1987).

A cartografia da metrópole moderna é, portanto, muito mais rica e controversa do que nossos genéricos modelos podem supor. Além da grande diferenciação no tecido urbano, que cria espaços singulares, e da distribuição desigual dos equipamentos e serviços, e para além desta configuração física, há uma complexa rede de relações entre grupos que traçam laços de identidade com o espaço que ocupam, criam formas de apropriação e lutam pela ocupação e garantia de seus territórios.

## A identidade metropolitana e as marcas da modernidade

Todo grupo se define essencialmente pelas ligações que estabelece no tempo, tecendo seus laços de identidade na história e no espaço, apropriando-se de um território (concreto e/ou simbólico), onde se distribuem os marcos que orientam suas práticas sociais. Para nós, o fundamental é discutir a variabilidade e a conjunção desta dinâmica identitária espacial no contexto da modernidade. Assim, se os diferentes grupos (e/ou classes) sociais que formam o tecido da metrópole necessitam de um território como base de afirmação, como isto acontece nesta realidade de permanente mudança?

Diríamos que o progressivo crescimento diferenciado da malha urbana é acompanhado por um movimento concomitante de surgimento de novos segmentos sociais, gerados pelo processo político, econômico e cultural no interior das metrópoles. Deste modo, o famoso mito do anonimato das cidades é colocado em questão. Somos estranhos uns aos outros, mas buscamos constantemente resguardar um espaço dentro da urbe onde sejamos comuns e conhecidos, onde nossos signos encontrem reciprocidade. Somos habitantes desta confusa rede metropolitana, mas forjamos uma cartografia particular de seu traçado. Nossos roteiros e deslocamentos se inscrevem em um intrincado jogo de disputas, proibições e limites espaciais. Há os lugares de passagem, há os de permanência, há também os horários convenientes e os espaços completamente proibidos ou vedados.

"O ar da cidade liberta" – a quebra do servilismo feudal que obrigava o camponês a permanecer nos estritos limites de seu feudo impôs para a cidade moderna a figuração da liberdade pela qual ela teria sido gerada. Estranha liberdade esta que vivemos na metrópole contemporânea, onde mesmo a rua, outrora um espaço de contatos ou da multidão desordenada e solta, se transfigura também no território condicionado dos automóveis, escudos que permitem o total resguardo de nossas individualidades; onde o pleno direito de ir e vir, tão celebrado, está circunscrito a determinados espaços e a determinadas condições que precisamos cumprir.

Na verdade, esses circuitos não são completamente exclusivos de um grupo ou classe; existem na moderna Babel espaços de convivência permitida. Ao se apresentar aí, no entanto, cada grupo o faz segundo seus signos de referência, que são, ao mesmo tempo, excludentes dos demais, de tal modo que seria possível imaginar o estabelecimento de matrizes interconectadas que associassem códigos sociais a determinados territórios urbanos. Nem só em guetos, portanto, cria-se a segmentação. Mesmo que dispersos em determinada área geográfica e sem a conotação explícita da segregação, podem-se formar grupos identitários na metrópole. Vivendo sob determinados signos como o vestuário, o código verbal, as aspirações sociais etc., são, em geral, grupos que detêm algum tipo de privilégio social e, portanto, não necessariamente restringem seu confinamento a determinados sítios espaciais. Seus atributos permitem não só uma controlada e relativa dispersão espacial, como também indicam que esta dispersão constitui a própria afirmação de seu prestígio.

A demarcação territorial é a ordem metropolitana e, em certo sentido, é a vida, o pulsar da sociedade através destes espaços. Ordem porque reproduz uma movimentação disciplinada, limitada. Funciona como uma garantia de permanência e associabilidade. Este processo é, entretanto, constantemente revolvido pela desterritorialização e reterritorialização de que nos fala Guattari (op. cit.). Os limites e circuitos são hoje continuamente alterados, seja pela dinâmica interna aos próprios segmentos, seja pela atuação das ordens econômica e política que têm a propriedade de criar, com seus instrumentos institucionais, verdadeiras revoluções dentro da malha metropolitana.

A identidade na metrópole, então, não se forja apenas nessa matriz segmentada e particular. Há sinais de uma identidade geral e generalizadora na metrópole. Em primeiro plano, a rede de relações estabelecida pelas metrópoles tende a se dar em escala mundial. Muitas vezes estamos muito mais informados ou ligados emocionalmente a fatos que ocorrem distantes milhares de quilômetros do que a outros que ocorrem no quarteirão vizinho. A outra face desse processo é o próprio sentimento de síntese vivido nestas grandes aglomerações, onde pessoas vindas das mais diferentes localidades e nações transmitem-nos uma sensação ambígua que constitui uma determinada vivência do mundo, ainda que estejamos convivendo em um lugar bem determinado. Esta é a grande síntese permitida pelo espaço metropolitano: mundo/lugar. Uma experiência e sensação do espaço que é a própria natureza da modernidade: próximos/distantes, presos/livres, singulares e universais.

Em outro nível, há também um código de identidade que registra o ser metropolitano onde quer que ele se apresente. Ele faz parte desse organismo, abrigo de tantas ambiguidades, que o torna único e geral. Geral, pois o que está a unir, o que cria a unidade planetária das metrópoles é, sobretudo, sua conjunção de diferenças. O que se repete, portanto, não é uma unidade básica formal – o que cria o padrão, contraditoriamente, não é a uniformidade. Ao contrário, a identidade geral do ser metropolitano é suas variabilidades, sua diversidade, a mistura incessante de planos de convivência entre diferentes. Quando nos identificamos como nova-iorquinos, parisienses ou mesmo como paulistas ou cariocas, nem sempre somos traduzidos em primeiro lugar pelos símbolos que distinguem cada cidade, mas sim pela convivência simultânea, em nós, de diferentes concepções de mundo, pela ousadia de nossas indefinições, pelo "perigo" de nossas transgressões e de nossa impulsão para o novo, imersos que estamos na complexa luta entre a globalização macroeconômica e as micropolíticas de subjetivação.

## A metrópole como espaço de luta

Vimos anteriormente que o espaço metropolitano se constitui em um território complexo onde se mesclam e se separam diversas identidades. Vimos também que se trata de um espaço multiapropriado, onde as contínuas e intermitentes renovações geram um complicado fluxo de deslocamentos. Se o espaço é, como concebemos a princípio, fonte e condição indispensável para a constituição de determinados grupos, é natural que haja neste espaço constantes disputas, avanços e recuos que constituirão os termos necessários em que serão reproduzidas as dinâmicas sociais do ambiente metropolitano.

Baudelaire foi, sem dúvida, um dos precursores da discussão sobre a modernidade na metrópole. O ambiente parisiense foi a principal fonte de inspiração em sua leitura do mundo. Em um de seus poemas, trabalhado por Berman (1987), há uma descrição preciosa sobre os primeiros dias da modernidade na Paris do século XIX, onde foram abertas novas vias e artérias (a reforma Haussman), criando-se o famoso tipo urbanístico que marcou esta época – os bulevares.

É em um desses bulevares que está sentado um casal. Em cadeiras de um café, na calçada, desfrutam a nova visão da Paris moderna. Em meio a isto, são surpreendidos por uma família andrajosa, que para diante deles. Os olhos desses pobres traduzem surpresa e admiração, olham para aquilo que jamais poderão ter. A moça sente-se importunada e pede que chamem o gerente. O rapaz deixa-se invadir por uma onda de piedade e angústia pela expressão daqueles olhos.

Para Berman, esse é o momento em que o oculto, a miséria, se revela. Nos bulevares, a vida burguesa termina por ter que se confrontar com a pobreza, que ela procura esconder através de grandes obras e reformas urbanas. Para nós importa, principalmente, perceber que esse primeiro momento de revelação é vivido com surpresa e conformismo. Mundos diversos que se olham e causam sensações de estranheza pela descoberta do outro. Muito rapidamente, porém, o olhar e a surpresa são substituídos pela ação e pelo confronto. O desfilar dessa vida burguesa não se poderá fazer mais sem proteção, em contato direto e próximo ao da miséria. São criadas progressivas garantias ao crescente avanço daqueles que antes apenas olhavam e que agora invadem, lutam e disputam. As cadeiras não ficam mais nas calçadas – quanto mais distante desse mundo revelador e agressivo da miséria, melhor.

A vida moderna, do cidadão moderno, daquele que, por ter espaço nesta cidade, pode exercer sua efetiva cidadania, foi-se encastelando cada vez mais. Na modernidade instável e insegura de nossos dias, este fechamento é representado por enormes edifícios-fortalezas, guaritas, seguranças, mecanismos de triagem e seleção, muros, cercas e, fundamentalmente, pelo automóvel, a nova carapaça inexpugnável do homem moderno, tão saudada pelos "modernistas" (como Le Corbusier). É ele quem vai permitir a passagem e, ao mesmo tempo, garantir nossa invulnerabilidade.

Nas metrópoles do Terceiro Mundo, com toda sua especificidade e seu jogo ainda mais complexo de opressão e liberdade, onde os "olhos" são mais numerosos e contraditórios, é possível perceber que o espaço gerado no urbanismo do século XIX, dos bulevares, jardins públicos etc., foi completamente transfigurado. Não traduzem sequer a ideia daquilo para o que foram originalmente projetados. Os chafarizes se transformaram em banhos públicos, os bancos dos jardins estão tomados de "desocupados". A linearidade e regularidade de seus planos e traçados foram quebradas definitivamente por seus novos ocupantes, aqueles que um dia apenas olhavam. Atualmente, nesses espaços, são os legítimos cidadãos que olham, são eles que se admiram quando são obrigados a passar por estas vias a caminho de suas casas-fortaleza.

Os condomínios exclusivos são a expressão dessa nova forma de morar. Cercados por semelhantes, agrupam-se ilhados e isolados por cercas e muros do mundo estranho e adverso circundante (como se este não fosse, em grande parte, resultado de sua própria criação). Frequentam os mesmos lugares, compram os mesmos artigos, há espaços para lazer e compras, "tudo sem sair de casa". Para se penetrar nesta cidadela ultrapassam-se diversos umbrais e controles. Cruzam-se guaritas, portarias, vestíbulos, interfones e, finalmente, podemos ingressar neste mundo que, a todo momento, traduz sua estranheza e desconfiança a todo aspecto que lhe seja contraposto.

Esses condomínios, assim como as ruas ou mesmo os balneários particulares, são exemplos típicos desse "novo" tempo, dessa "neo" modernidade. Entretanto, todos os grupos sociais que habitam a metrópole, embora conjugados numa escala econômico-política mais ampla, em maior ou menor grau acabam disciplinando seus espaços, criando suas barreiras de proteção a fim de manterem o domínio sobre seus signos de identidade, seus privilégios e, fundamentalmente, sobre seus territórios (vide estratégias dos favelados). Os muros que cercavam as cidades antigas e medievais foram transladados para o interior da metrópole moderna, onde cada segmento se muraliza como pode e faz do "igual" e do conhecido seus únicos interlocutores, como se esta "cristalização" espacial pudesse negar o turbilhão desestabilizador que a envolve.

Além de garantir o espaço da reprodução social, é preciso conquistar e/ou garantir outros, como em uma estratégia de guerra. A grande arma das metrópoles são as áreas ainda efetivamente comuns, públicas, "desocupadas". Nestas são traçadas as verdadeiras campanhas táticas informais de ocupação e domínio. Praças, ruas e equipamentos diversos de lazer e serviços são o território onde ocorrem ofensivas e retiradas, onde se alternam controles e normas próprias a cada grupo.

A metrópole é, nesse sentido, o *locus* das disputas territoriais das distintas "tribos" (MAFFESOLI, 1987) que a compõem. Essa variabilidade espacial e temporal de usos, a ambiguidade daí decorrente são o motivo maior do fracasso dos planos urbanísticos e das grandes cirurgias "organizativas".

A racionalidade *stricto sensu* tem um compromisso intestino com a funcionalidade, com a maximização das eficiências e a racionalização dos usos. Os espaços assim projetados apresentam "um lugar para cada coisa e cada coisa em seu lugar". Por isso tendem a criar espaços sem vida, no dinamismo inerente à própria modernidade, surgindo, então, arremedos de convivência urbana, sem ambiguidade ou mutabilidade, sublinhando apenas a ordem racionalista, aparências urbanas que têm dificuldade em ultrapassar o sentido que lhes foi outorgado.

A dinâmica da metrópole ainda está a desafiar os espíritos sequiosos por compreenderem suas formas, reproduzi-las em um padrão. Concretamente, a consideração estrita do racionalismo, quando aplicada à dinâmica urbana, não foi suficiente em suas táticas de reproduzi-la como modelo, sob a forma da proposição de cidades planejadas e controladas, nem como, em diversas ocasiões, interventor eficaz nas cirurgias urbanas que produziu. A geografia, também, quando se volta para a apreciação dos processos espaciais na modernidade, sobretudo nas metrópoles, geralmente tem reforçado os vínculos com a ordem, procurando sempre estabelecer padrões formais e tipologias. Estas, no entanto, têm sido constantemente rechaçadas pelo desenvolvimento de uma indeterminação que, a princípio, dificilmente conseguimos conceber. Em recente estudo, Baudrillard percebe que os atuais grafites que se impõem na paisagem nova-iorquina não têm qualquer sentido próprio ("significantes sem significado"), ou uma mensagem intrínseca, advindo daí sua força. Trata-se, tão somente, de uma marca de existência, tentativa de subversão de uma ordem excludente ou de uma incursão em território "inimigo".

Devemos reenfatizar, contudo, que o reconhecimento dessas ambiguidades e diferenciações, esta abertura para o novo e o indeterminado, de modo algum exclui as identidades e a normatização globalizadora. A grande questão é como encontrar novas formas que nos permitam refletir sobre a imbricação dessas tendências, tal como ela se expressa no espaço moderno contemporâneo. Observamos, por exemplo, que o espaço na modernidade é concebido em diferentes escalas inter-relacionadas – embora tenhamos optado pela escala metropolitana, que sintetiza alguns de seus traços mais característicos, reconhecemos ser imprescindível a consideração de múltiplas escalas territoriais (v. próximo capítulo), pois só assim poderemos perceber os níveis possíveis de generalização e a relevância de cada "território" para a compreensão de determinados fenômenos sociais. Em cada uma dessas escalas, por sua vez, é preciso evidenciar os processos de diferenciação/segmentação que em seus distintos núcleos e redes reproduzem os múltiplos sentidos e funções atribuídos à espacialidade – tanto como espaço produtivo, disciplinar e/ou simbólico.

A análise dessas redes, interconectadas ou não, impõe a discussão de uma perspectiva que alie o particular (a diferença) e o geral (a unidade), pois ao mesmo tempo em que se inserem na malha macropolítica e macroeconômica, elas projetam singularidades inovadoras (ou defensivas) que podem mesmo estar prenunciando hoje a emergência de uma nova "ordem" em que prevaleça, sobretudo, a possibilidade de recriar, pelas próprias coletividades, territórios originais que atendam não só às suas aspirações de sobrevivência e reprodução material, como também à expressão das especificidades culturais que efetivamente mobilizam e animam os grupos sociais.

# ESCALAS ESPAÇOTEMPORAIS*

Uma das questões que precisamos desdobrar, com muita seriedade, e para cuja discussão iremos levantar aqui alguns pontos, é a das escalas em Geografia e sua vinculação indissociável com o tempo, no sentido histórico. O debate sobre as escalas espaciais é tão fundamental para a análise do geógrafo quanto o é a análise das escalas de tempo para o historiador. Isto significa que a problemática de como entender as distintas "secções" do espaço geográfico e do tempo histórico, em suas múltiplas interações, permeia nossas disciplinas desde as suas origens – admitir que é possível compreender o espaço e o tempo socialmente instituídos/incorporados é reconhecer a necessidade de analisar suas partes, "esquadrinhando", de certa forma, suas múltiplas escalas.

## Geografia e História

Não é de hoje que Geografia e História colocam questões comuns, sendo imprescindível estimular o diálogo e a interdisciplinaridade. Ainda que a Filosofia e outras áreas das ciências sociais de longa data advirtam para a indissociabilidade entre espaço e tempo, nossas áreas não raro se divorciaram, enclausurando-se em redutos individuais, o que pouco contribuiu para nossas respectivas leituras da realidade.

A aproximação entre historiadores e geógrafos apresenta uma série de idas e vindas – desde a "geo-história" de Fernand Braudel, onde as perspectivas tradicionais das duas disciplinas se encontravam intimamente ligadas, até o quantitativismo neopositivista de muitos geógrafos (e alguns historiadores) que, em nome de um pragmatismo simplista, ignoraram a indissociabilidade da relação espaço-tempo.

Nas últimas décadas é pela abordagem materialista histórica e dialética que encontramos o tratamento mais consistente dos elos entre a Geografia e a História. Contudo,

---

* Este capítulo corresponde ao artigo "Escalas espaçotemporais: uma introdução", publicado no *Boletim Fluminense de Geografia* n.1, ano 1, AGB, Seção Local Niterói - RJ, 1993. Agradeço aos alunos de Geo-história, do curso de História da Universidade Federal Fluminense, pelas discussões que inspiraram (e continuam inspirando) este trabalho.

talvez pela dissonância nos períodos em que esta fundamentação teórica predominou em cada disciplina, o diálogo não foi dos mais estimulantes: quando a chamada geografia crítica marxista parecia descobrir a rica dimensão geográfica das obras de um Caio Prado ou de um Nelson Werneck, muitos de nossos colegas historiadores iniciavam um processo crítico (às vezes demasiado severo, é verdade) sobre a obra desses autores e sua base marxista.

Assim, a grande e fundamental geo-história de Braudel, por mais que este termo seja parcial e questionável na definição de sua obra, continua como um referencial imprescindível para qualquer proposta de um diálogo mais consistente entre as duas áreas de conhecimento. Mesmo porque o aprofundamento ou mesmo a simples retomada deste vínculo, do modo como foi enfatizado por Braudel, infelizmente não foi levado a sério pelos geógrafos – pelo menos é o que se depreende do fato de somente termos tido conhecimento de uma obra que resgata e analisa o "geógrafo" Braudel num trabalho muito recente (publicado após a realização da primeira versão deste texto). Trata-se de "Braudel geógrafo", de Yves Lacoste (1989) em *Ler Braudel*.

Falar em "escalas espaçotemporais" implica, então, reconhecer a análise conjunta e indissociável entre as dimensões espacial/geográfica e temporal/histórica da realidade. Alguns geógrafos, principalmente na ótica materialista dialética, discutiram filosoficamente esta interação. Tomando por base e de maneira esquemática as complexas (e não muito didáticas) explanações de Oliveira (1982), podemos sintetizar o que ele denomina "essência contraditória" da relação espaço-tempo no Quadro 4, a seguir.

As transformações mútuas entre as propriedades mais estáveis e mais dinâmicas do espaço e do tempo são assinaladas pelas setas, constituindo, assim, "o conteúdo das representações do espaço e do tempo no campo científico" (op. cit., p. 98) – e não apenas das representações, é claro, pois na visão materialista do autor haveria perfeita sintonia entre o "pensado", o "representado" e a "realidade" sobre a qual se refletiu. O aspecto da mutação, entretanto, seria determinante, dado que na abordagem dialética o movimento, a transformação, é a dimensão fundamental da realidade.

Poderiam ser acrescentadas ao esquema setas indicando a interpenetração entre a "duração" e o "fluxo" do tempo e a "extensão" e a "ordenação" do espaço, pois a partir da teoria da relatividade ficaria estabelecido que espaço e tempo "não se modificam isoladamente, mas têm ligação indissolúvel um com o outro", de modo a criar uma "dependência das propriedades espaçotemporais dos corpos com relação à velocidade do seu movimento" (op. cit., p. 100). Deste modo, pode-se afirmar que à tridimensionalidade do espaço se agregaria uma quarta dimensão, a do tempo, profundamente articulada.

**Quadro 1: Propriedades universais e expressões concretas do Espaço e do Tempo**

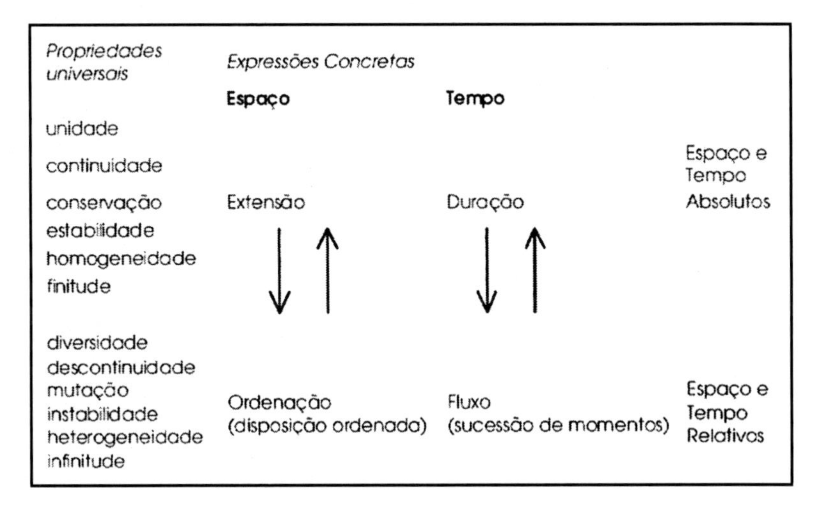


## Escalas espaçotemporais

Admitida essa íntima vinculação entre espaço e tempo, enfrentaremos agora, de forma mais direta (e empírica), a problemática das escalas espaçotemporais, como embrião para reflexões posteriores, mais aprofundadas. Permeando todo o debate, teremos como questões básicas: primeiro, como podem ser definidas as escalas espaciais/geográficas e as escalas temporais/históricas; segundo, como estas escalas se relacionam ou se imbricam e se é possível reconhecer uma lógica neste relacionamento.

Antes de mais nada, é importante diferenciar pelo menos duas formas de interpretar o conceito de escala: para alguns, partidários de uma visão de espaço e tempo absolutos, homogêneos e estáveis, a escala pode ser reduzida à dimensão física, estanque, quantificável, do real; para outros, que veem o espaço e o tempo como relativos, instáveis e qualitativamente heterogêneos, a escala expressa esta dimensão relativa, mutável, do real. Numa perspectiva dialética, como vimos anteriormente, espaço e tempo, embora "determinados" pelo seu caráter mutável, são concomitantemente absolutos e relativos, estáveis e dinâmicos, numa interação que alguns autores denominam "relaciona!".[1]

No caso da Geografia, é muito importante distinguir uma *escala cartográfica*, física, que expressa simplesmente uma determinada extensão de terreno, uma "quantidade" (representada numericamente por frações – por ex.: 1: 10.000 – que demonstram a relação de área entre o mapa e a realidade), de uma escala diferenciada "qualitativamente" a partir de uma dada ordenação espacial dos fenômenos, que denominaremos, aqui, *escala geográfica*.

Assim, por exemplo, se afirmarmos que há uma escala regional, não podemos defini-la simplesmente pela delimitação física, cartográfica, de um espaço passível de ser matematicamente medido. Para diferenciarmos a interpretação geográfica da simples descrição cartográfica, devemos conceber um "conteúdo", um caráter minimamente conceitual (e não puramente descritivo) a esta escala – inserir, como veremos adiante, o caráter da dinâmica (política, econômica, cultural) que a região envolve, o que exclui a definição de limites estanques para a escala regional e nos obriga a entender sua interação com outras escalas.

Na História ocorre algo muito semelhante: definir escalas de tempo pela simples dimensão física, mensurável, quantitativa, do tempo resultará numa simples descrição cronológica dos fatos. Além desta *escala cronológica*, de um tempo linear quase absoluto, temos também, e primordialmente,

---

[1] É importante não esquecer que esta distinção entre espaço absoluto e espaço relativo é muito simplificada – na verdade, há um longo e complexo percurso desde a concepção mais fechada e objetivista de espaço até a mais relativa e subjetivista.

um tempo histórico que se expressa em ritmos diferenciados, complexos, em *escalas históricas*, em que é impossível estabelecer limites estanques, exatos, e em que os fluxos são resultado do entrecruzamento de tempos de diferente duração. Com isto, caem por terra as periodizações tradicionais, precisas, da história factual, e desdobram-se escalas que assumem a complexidade dos múltiplos ritmos da temporalidade.

Lacoste certamente foi o geógrafo que primeiro tentou, de modo mais enfático e mais articulado, desenvolver a questão da escala em Geografia. Ao propor seu conceito de "espacialidade diferencial", contudo, não foi muito além da noção empírica de escala cartográfica. Lacoste (1988) pretendia mostrar a importância da análise geográfica em diferentes "níveis" (ou escalas) que ele denominou, também, "ordens de grandeza", enfatizando que o conhecimento de um fenômeno só pode se dar pela imbricação de diferentes escalas/níveis de análise. Ao aplicar sua proposta à região de Tonquim, no Vietnã, Lacoste acaba simplesmente por reconhecer que diferentes áreas/escalas cartográficas revelam distintos aspectos do real e que, articuladas, permitem entender sua complexidade. Ele tem o mérito, entretanto, de destacar um fato que, apesar de aparentemente simples, não recebe a importância que merece por parte de seus colegas geógrafos. Suas conclusões, no caso do trabalho citado, em que analisa a "estratégia geográfica" dos bombardeios norte-americanos sobre o delta do rio Vermelho, foram muito importantes, podendo ser sintetizadas da seguinte forma:

• no exame de mapa em pequena escala[2] (que o autor denomina "de 4ª grandeza"), foi constatado que os bombardeios se deram somente nas áreas com grande número de aldeias abaixo das elevações dos diques, que protegem as planícies das enchentes dos rios;

• nos mapas em média escala ("conjuntos de 5ª grandeza"), foi possível perceber que os alvos dos bombardeios correspondiam principalmente às partes côncavas dos

2 É importante lembrar que, na linguagem cartográfica, "pequena" escala significa grande área abrangida pelo mapa; 1: 1.000.000, por exemplo, é escala menor que 1: 1 00.000, pois reduziu em 10 vezes a superfície real e, consequentemente, abrangeu uma área maior.

contornos, onde os diques sofrem maior pressão por ocasião das enchentes;

- finalmente, em mapas de maior escala ("conjuntos de 6ª e 7ª grandezas"), Lacoste observou um outro indicador da perversa racionalidade da estratégia norte-americana (desvendada, principalmente, por meio deste trabalho): as bombas caíam basicamente ao lado dos diques, mascarando assim a destruição e provocando rachaduras profundas na base das elevações, o que dificultava em muito sua reparação.

Foi graças à análise em múltiplas escalas que Lacoste pôde resolver o verdadeiro objetivo e a intensidade dos bombardeios, denunciando à opinião pública estes propósitos: "submergir o maior número de aldeias em consequência da ruptura dos diques, no momento das enchentes, nos pontos mais estratégicos da rede, e esforçando-se em mascarar a relação de causa e efeito entre os bombardeios e o desmoronamento do dique, solapado devido às rachaduras" (LACOSTE, s.d., p.40).

Ao lado dessa constatação empiricamente muito importante, feita por Lacoste, temos outros autores que, de várias formas, procuram encontrar/definir conceitos que, embora nem sempre incorporem de modo explícito a questão das escalas, revelam uma vinculação estreita com esta temática. O economista Alain Lipietz, por exemplo, propõe determinados conceitos que têm muito a ver com aquilo que denominamos escala geográfica. Sua preocupação com a dimensão espacial dos fenômenos econômicos e políticos é visível no próprio título de um de seus livros mais conhecidos: *O capital e seu espaço*. Entretanto, as três grandes escalas que permeiam seus conceitos de "armaduras regionais", "formações nacionais" e "blocos multinacionais" têm uma conotação geográfica não muito explícita, conforme pode-se perceber a seguir:

- armadura regional (traduzida na edição brasileira como "estrutura regional"): "região de articulação de relações sociais que não dispõe de um aparelho de Estado completo, mas onde se regulam, todavia, as contradições secundárias entre as classes dominantes locais";

• "bloco (imperial) multinacional: compreende, pelo contrário, o conjunto dos Estados nacionais, onde se desenvolve a dominação de um centro imperialista que, de certa forma, assume funções de Estado em relação ao conjunto do bloco" (op. cit., p. 39).

É como se, por um lado, tivéssemos uma visão mais estritamente cartográfica, empírico-descritiva, das escalas (e do próprio espaço geográfico), como nos mostra Lacoste, e, por outro, tivéssemos a preocupação fundamentalmente voltada para abordagens teórico-conceituais baseadas na "dinâmica socioeconômica", pouco considerando a dimensão espacial nas escalas a que se referem.

A preocupação em delimitar geograficamente a questão/fenômeno que estudamos, atentando assim para as implicações que a definição de uma escala (concomitantemente cartográfica e geográfica) impõe, é um elemento central e ao mesmo tempo bastante desprezado em nossas pesquisas. E não só na Geografia, pois trata-se de uma problemática que tem ampla relação com as demais ciências sociais. Para o historiador Jacques Le Goff, por exemplo, em sua retomada de uma antiga discussão sobre os "tempos longos" e os "tempos breves", definidos por Braudel, a delimitação cronológica (histórica) e geográfica das questões sociais que analisamos não tem recebido a devida atenção. Segundo ele, a problemática dos tempos longos e dos tempos breves consiste no

> estudo de uma sociedade histórica numa determinada área cultural, dentro de um determinado período – e insisto nestas definições de nossos estudos, necessários numa altura em que *cada vez se tem menos cuidado em delimitar cronológica e geograficamente o assunto de que nos ocupamos*, e em que a história comparativista passa alegremente, por cima das fronteiras, mesmo as mais respeitáveis, colocando-se em vários níveis e diferentes pontos de observação que permitem identificar diferentes ritmos de mudança (LE GOFF, 1985, p. 209-210, grifo nosso).

A análise da "espacialidade diferencial" ou dos "níveis diferentes de análise espacial, desde os conjuntos de dimensões planetárias [...] até as situações locais", do "mais abstrato ao mais concreto", conforme diz Lacoste (1989, p. 181), tem "uma grande analogia" com relação a Braudel, "quando ele decide dissociar os diferentes tempos da história para o 'seu' Mediterrâneo", organizando o livro em "três tempos" – o primeiro volume sobre os tempos longos (que é como geralmente ele vê os fatores geográficos), um tempo intermediário (ou "tempo social") e os tempos curtos, mais individuais.

Lacoste (1989, p. 182) afirma, ainda, que Braudel "distinguiu o tempo longo, o tempo curto e o tempo intermediário", mas "não procurou teorizar sua articulação". Ao reconhecer também que sua própria análise da espacialidade diferencial foi "muito empírica", ele, no entanto, não assume a tarefa de avançar a discussão, alegando, sem maiores justificativas, que "por enquanto, certamente não é possível teorizar esse gênero de problemas".

Contrariando Lacoste, consideramos de suma importância a "teorização" dessa questão, reconhecendo que temos elementos para começar a aprofundá-la. Apesar de desconhecermos a amplitude da controvérsia que certamente deve ocorrer entre os historiadores sobre a pertinência da "temporalidade diferencial" de Braudel, tomaremos como principal referência para estas reflexões o texto de Le Goff (1985), que representa uma introdução para a retomada das "escalas temporais" como questão relevante entre os historiadores.

Para Le Goff (1985, p. 214), "o tempo breve é essencialmente o tempo delimitado por um nascimento e uma morte", um princípio e um fim, o tempo dos acontecimentos, enquanto o tempo longo não pode ser definido em função de nascimentos e mortes, mas de estruturas que mudam lentamente, embora incluam em si os acontecimentos, as conjunturas e as descontinuidades.

A problemática do tempo na História pode ser traduzida, então, resumidamente, na questão: "o que é que na História [...] muda rapidamente e o que é que muda lentamente?" (LE GOFF, 1985, p. 210). Analogamente, enquanto a História se preocupa com as distintas "velocidades" dos fenômenos sociais, poderíamos dizer que a questão do espaço na Geografia se refere, de modo muito sintético, ao reconhecimento das diferentes extensões/ordenações espaciais desses fenômenos. Tal como na História, com o dilema entre uma "história natural" e uma história "social", na Geografia, a "Geografia física" e a "humana" manifestam a dificuldade de se compreender processos com distintas velocidades de transformação e formas de ordenação no espaço – a história "natural" e a geografia "física" envolvidas de tal forma com os tempos longos que Braudel, ao enfatizar a dimensão "natural" do espaço, acabou equivocadamente por identificar o tempo longo com o "tempo geográfico".

Le Goff se reporta ao período medieval para exemplificar, como tempo longo, o tempo dos instrumentos da técnica, em especial no espaço agrícola, onde são necessários quatro séculos para se imporem invenções como o arado de rodas e orelha e a rotação trienal de culturas, e o tempo das mentalidades, que mudam lentamente numa época em que, ao contrário da chamada modernidade, a novidade/o novo é considerado um mal. Como tempos breves, menos representativos para o período medieval, teríamos as crises como a das falências florentinas (por volta de 1340), as cruzadas e a arte românica.

A relação feita por Le Goff entre os tempos longos e o chamado espaço rural e entre os tempos breves e os espaços urbanos é muito instigante, na medida em que fornece elementos claros para incorporar a discussão das "escalas espaçotemporais", pois reconhece – pelo menos de modo amplo – uma relação mais ou menos definida entre determinados "tempos" e determinados espaços. Para ele, "na história medieval, o predomínio dos tempos longos reporta-nos à característica essencial de uma civilização agrícola". Passando a falar do fenômeno urbano na Idade Média, na perspectiva dos tempos longos e dos tempos curtos, ele revela que "a história urbana tem seus ritmos próprios, mas não pode, no entanto, ser compreendida a não ser em função e por osmose com a história agrícola" (LE GOFF, 1985, p. 216). Embora o "tempo rural" pressione o "tempo urbano", a cidade teria efetivamente uma função de "aceleração da história", responsável que foi, com o seu crescimento, pela limitação dos tempos longos medievais.

Ainda que seja necessário tomar muito cuidado para não transformar pura e simplesmente "a cidade" (enquanto espaço geográfico) ou "o campo", "o rural", nos verdadeiros agentes desse processo, não resta dúvida de que o autor levanta uma questão fundamental, particularmente provocadora para uma leitura "geo-histórica" da sociedade: a de como se dá a relação entre determinados ritmos de tempo (que denominamos escalas temporais) e determinadas extensões/distribuições no espaço (as escalas geográficas ou espaciais).

## "Espaços" e "tempos"

Qualquer estudo que se pretenda denso, apreendendo o social na sua complexidade, deve enfrentar o dilema da priorização de algumas e da interação entre as escalas de tempo e espaço. Assim como não podemos entender uma questão como a da transformação agrária na Idade Média num curto período de tempo, tampouco ela poderá ser compreendida em uma escala geográfica que abranja uma pequena extensão do espaço europeu. Ao contrário, um "acontecimento" não só tende a ser um fenômeno mais estritamente localizado (no espaço), como também, geralmente, aparece melhor delimitado no tempo (tem "um nascimento e uma morte", como diz Le Goff). Da mesma forma, as "fronteiras" geográficas à escala local tendem a ser mais facilmente delimitadas, pois geralmente são áreas mais homogêneas (à exceção, talvez, das grandes cidades contemporâneas).

Ainda que não se possa fazer um paralelo estrito entre o tempo breve e a "escala local" em Geografia – definida esta como um espaço de relações cotidianas, de fronteiras bem definidas, parece haver aí importantes correspondências que merecem ser analisadas. Repetindo, tanto um quanto outro tendem a ser melhor (ou mais claramente) delimitados e refletem as mudanças mais rápidas; num exemplo muito simples, é óbvio que se torna mais fácil observar uma transformação no uso do solo em uma propriedade agrícola do que no conjunto de todo o espaço agrário de um país, que certamente levará muito mais tempo para se efetivar.

O fato de a análise dos tempos breves/espaços locais apreender fundamentalmente as especificidades/singularidades dos acontecimentos e não o conjunto, as "estruturas", não significa que eles devam ser interpretados *a priori* como "mais" ou "menos" relevantes, já que este tipo de valoração envolve toda uma discussão sobre a temática, o objetivo e a inserção histórica da pesquisa. Mesmo as escalas mais gerais de espaço e tempo, inseridas numa dimensão frequentemente denominada de estrutural, abriga sempre, em diferentes níveis de interação, as escalas locais de espaço e tempo ("lugares" e "acontecimentos"), sem as quais aquelas não existiriam.

Há que reenfatizar aqui a relação tempo breve-espaço local, no sentido de que ela nunca está definida de antemão, *a priori*. Muito menos admitimos que um destes termos condiciona, predetermina, irrestritamente, o outro. Por exemplo, se definíssemos o espaço local a partir do tempo breve, poderíamos dizer que a escala local envolve "um espaço que traduz um acontecimento, bem delimitado historicamente". Se assim fosse, ficaria difícil admitir um condicionamento recíproco (dialeticamente estruturado) que incluísse também a relação do espaço local frente ao tempo breve, como indicado pelas cidades "acelerando o tempo" no final da Idade Média – fato este que, de alguma forma, continua a acontecer, pois a aglomeração/proximidade humana proporcionada pelo espaço urbano favorece e acelera a produção/difusão do novo. Neste caso, o mais provável seria deduzir o extremo oposto, também um ponto de vista determinista e parcial, onde o espaço local (urbano, no caso) "definiria" o caráter dos tempos breves predominantes na sociedade.

Como nem todo fato histórico corresponde a uma escala territorial explícita, é claro que nunca teremos uma afirmação fechada do tipo tempo breve = espaço local. E, vice-versa, o espaço local não obrigatoriamente será um território de mudanças rápidas. Assim como existem tempos breves em escalas espaciais mais amplas, também podem existir espaços locais inseridos em tempos mais longos. Não há dúvida, entretanto, sobre uma tendência: por ser sempre mais fácil introduzir uma mudança, digamos, "pontual", a escala local será sempre uma escala privilegiada em relação às transformações mais rápidas.

Ocorre, porém, que com a incrível velocidade do nosso tempo o espaço local passou a condensar em si o mundo; a oferecer a seus habitantes, principalmente na grande cidade, a multiplicidade de tempos/velocidades que representam praticamente uma síntese de toda diversidade de ritmos nas transformações em nível planetário. Como, às vezes, a moderna tecnologia, pelo menos para a restrita elite que a ela tem acesso, permite desenvolver as maiores velocidades justamente nas maiores distâncias, há casos/momentos em que o próprio mundo parece tornar-se um "espaço cotidiano de relações", uma "escala local".

Nesse sentido, lembro sempre o caso de um representante de uma multinacional inglesa que conheci num voo Rio-Porto Alegre, legítimo representante deste seleto grupo que faz do mundo o seu "espaço cotidiano", "local". Sem sequer saber que língua se falava no Brasil, ele simplesmente desceria em Porto Alegre (após conexão do voo Londres-Rio), seria "escoltado" de carro até as grandes indústrias de calçado de Novo Hamburgo, na área metropolitana, onde realizaria negócios vinculados àquele setor, seguindo, no dia seguinte, para a África do Sul, depois Malásia, Cingapura, Taiwan e Coreia do Sul. Este tipo de circulação parece recriar, numa outra escala (cartográfica), o antigo espaço local de circunscrição cotidiana.

Isso é algo novo – e a princípio assustador, enigmático. As mudanças podem se reproduzir com tal velocidade que ocorrem muitas vezes, pelo menos para um determinado grupo, ou via determinadas tecnologias (o telefone, o telex, o fax, por exemplo), praticamente ao mesmo tempo, e no mundo todo. Pela própria desigualdade social, mais acirrada, este tempo breve mundializado aparece sempre, porém, imbricado numa ambígua e contraditória teia de outros espaços locais/regionais onde se delineiam sempre certas formas de resistência e constrangimentos. Houve um tempo em que as ideias da "homogeneização capitalista" ou da "revolução planetária", inexoráveis, eram difundidas com vigor. Hoje, entretanto, vê-se claramente a impossibilidade de prever o desdobramento da dinâmica espaçotemporal, em suas múltiplas escalas, onde autonomia e heteronomia/subordinação encontram-se em disputa permanente, de direção às vezes imprevisível.

Vejamos o caso das chamadas "escalas regionais", que podem ser ainda mais complexas do que as que denominamos escalas locais. Se definirmos escala regional como a que abrange um território de identidade e mobilização social que se contrapõe em determinados níveis à organização política sob a hegemonia do Estado-nação (que por sua vez constitui a escala nacional), teremos obrigatoriamente uma base sociocultural bastante complexa, pautando os chamados "regionalismos" e as "identidades regionais" que constituem o fundamento dessa mobilização.

Le Goff (1985, p. 252-253) destaca a heterogeneidade cultural do espaço medieval, mesmo sob a hegemonia da ideologia cristã:

> O que nos torna sensíveis a tal diversidade é, atualmente, a irradiação dos movimentos regionalistas. Vê-se bem, agora, que as entidades sociais são os herdeiros de um longo passado de natureza regional, que recobre mais ou menos, e em períodos mais ou menos longos, uma história unificante. Ao mesmo tempo, por outro lado, captam-se melhor os limites da reivindicação regionalista. Se eu tiver em conta somente a raiz regional, que foi cortada, reduzida ao silêncio, ignorar-se-á todo o peso da história unificante. Aquela que Michelet propõe quando começa a descrever a França como uma personalidade geográfico-histórica nascida da aglomeração sucessiva de várias províncias.

Além do fato específico da escala regional, levantada por Le Goff em relação ao tempo longo das mentalidades, aparece aqui a retomada, evidente e necessária, do elo geografia-história, espaço-tempo. Em parte, a velha "personalidade geográfico-histórica" de Michelet, ao contrário do que muitos pregavam, não morreu.[3] Os laços do indivíduo na história e no território também não foram simplesmente apagados pela homogeneização capitalista. Que o digam algumas vertentes dos movimentos basco, catalão, galego, bretão ou mesmo ianomâmi.

A escala ou espaço regional, embora de difícil definição no contexto medieval (onde, na ausência de Estados, ela se insere na intrincada e confusa rede político-territorial da época), envolve tanto o tempo das mentalidades, de mudanças lentas e revigoramentos periódicos, quanto os tempos breves das inovações que o capitalismo impõe, a todo momento, à atividade econômica nos espaços regionais.

[3] Ver, a propósito, a última obra de Braudel (1989), traduzida em Português (1º v.) como *A Identidade da França – espaço e história*, e que, apesar de toda a pertinência das críticas de Lacoste (1989), revela importantes indicadores do elo espaço/sociedade.

## Escalas e Redes

A título de breve conclusão – que pouco tem de efetivamente conclusiva, dado o teor de proposta e problematização destas notas – devemos destacar que, apesar da ênfase dada aqui às escalas local e regional, nenhuma das escalas pode ser excluída, e é sobretudo na dinâmica do entrecruzamento entre o local, o regional, o nacional e o internacional, e dos inúmeros tempos – aqui sintetizados em longos e breves, mas que, conforme diz Braudel, se desdobram em "dez", "cem durações diferentes" – é aí que podemos encontrar um caminho fértil para o desenvolvimento de nossas pesquisas.

Não há nenhum espaço regional ou nacional estanque, ou que se disponha numa hierarquia perfeitamente sobreposta. O que deve nos perturbar e incitar ao trabalho é perceber que muitos fenômenos participam de redes locais ou regionais, outros de redes nacionais/mundiais, e muitas são as descontinuidades e os entrelaçamentos. Delineá-las, destrinchar este confuso "novelo" é o que a questão das escalas e da própria região nos propõe.

Em síntese, mesmo com o caráter preliminar e introdutório deste artigo, conseguimos dar algumas respostas às questões básicas inicialmente propostas, ou seja, sobre a definição das escalas espaciais/geográficas e das escalas temporais/históricas, bem como a respeito de algumas formas de interação entre elas, quer dizer, até que ponto uma determinada escala de tempo implica uma determinada escala de espaço, e vice-versa. É claro que, para responder se há uma lógica nesse íntimo relacionamento espaço-tempo, geografia-história, por meio da análise das escalas aqui definidas, seriam necessários muitos estudos concretos.

Mais do que respostas, contudo, este texto procurou desdobrar um pouco mais as questões propostas e sugerir outras, entre as quais podemos citar:

- a questão da *velocidade*, dos *ritmos* espaçotemporais ou "geo-históricos" de transformação: o que muda lenta ou rapidamente no tempo e, concomitantemente, o que se amplia ou se reduz em termos territoriais;

• a questão das delimitações geográficas e históricas: o que é passível de delimitações precisas (ou relativamente precisas) no tempo e no espaço, e que implicações trazem estas fronteiras para o entendimento da sociedade;

• a relação entre aceleração-desaceleração (no tempo) e ampliação-redução (no espaço), bem como o seu vínculo com a questão da fluidez-rigidez das delimitações ou fronteiras.

Bem se percebe, a partir destas questões, o quanto existe à espera de nossos trabalhos – conjuntos, certamente – entre geógrafos e historiadores.

## O BINÔMIO TERRITÓRIO-REDE E SEU SIGNIFICADO POLÍTICO-CULTURAL*

Uma das discussões mais importantes, hoje, na Geografia, é aquela que envolve a distinção (ou interação) entre território e rede. Propomos aqui mostrar um breve panorama deste debate e fazer algumas propostas, tanto no sentido teórico, discutindo os conceitos de território e rede em sua permanente e indissociável articulação, como um "binômio", quanto no sentido empírico, sem perder de vista, deste modo, as exemplificações que fazem referência à nossa realidade concreta.

Em primeiro lugar, devemos lembrar que a Geografia tradicional do início deste século, mais empirista e descritiva, sempre privilegiou uma visão mais "territorializada" do espaço, ou seja, valorizou-se mais, utilizando os termos de Milton Santos, os "fixos" que os "fluxos", mais as fronteiras que as vias de circulação. O conceito mais tradicional de região reproduz isto muito bem: um espaço com limites claros de fronteiras bem definidas, onde os indivíduos e grupos sociais estariam bastante enraizados. Duas citações interessantes sobre esse "enraizamento" e essa "geograficidade" humana são aquelas reproduzidas, respectivamente, pelos autores clássicos Friedrich Ratzel e Eric Dardel:

> Tudo aquilo que chamamos de progresso na civilização é antes comparado ao germinar de uma planta do que ao voo ilimitado de um pássaro: permanecemos ligados à terra, e o ramo precisa sempre de um tronco que o sustente (RATZEL, final do século passado).
>
> Amor à terra natal ou busca do desenraizamento, uma relação concreta se trava entre o homem e a terra, uma geograficidade do homem como modo de sua existência e do seu destino (DARDEL, 1952).

Essa geograficidade ou, em outras palavras, territorialidade, que vincula os homens ao meio, à terra, ao espaço, para muitos, no final de século XX, estaria sendo perdida. Mas muitos são também os que retomam, e não só no

* Este artigo corresponde, com pequenas modificações, ao trabalho "O binômio território-rede e seu significado político-cultural", apresentado no Seminário "A Geografia e as transformações globais: conceitos e temas para o Ensino", promovido pela UFRJ em setembro de 1995, e publicado nos Anais do evento.

âmbito da Geografia, a ideia de que, no bojo da crise contemporânea, estaríamos vivendo um processo de reterritorialização, ou seja, de construção de novos territórios. Muito sintomática dessa retomada da questão do território por outros cientistas sociais, em pleno auge das "tecnologias desterritorializadoras" (VIRILIO, 1982) e do "meio técnico-científico" (SANTOS, 1985), é a discussão da temática em obras como *A sociedade global*, de Otávio Ianni (1992), que dedica um capítulo ao fenômeno da desterritorialização, e *Mundialização e cultura*, de Roberto Ortiz (1994) que, no encontro sobre Globalização e Fragmentação, realizado pela UNESP/Marília, em 1995, tratou do tema das novas formas de territorialização.

Quando lembramos a história da concepção de território, de como ela surgiu e da importância da relação sociedade-espaço que ela expressa é interessante notar que se desenham pelo menos duas grandes vertentes interpretativas que, tradicionalmente, se opuseram. Primeiramente encontramos, num extremo, uma concepção de território que eu denominaria "naturalista". Ela vê o território num sentido físico, material, como algo inerente ao próprio homem, quase como se ele fosse uma continuidade do seu ser, como se o homem tivesse uma raiz na terra – o que seria justificado, sobretudo, pela necessidade do território, de seus recursos, para a sua sobrevivência biológica. Esta visão levou muitos a defender a tese de que teríamos uma "impulsão inata" para a conquista de territórios, e que o crescimento de uma civilização, de seu "espaço vital", como se expressou Ratzel em certo momento de sua obra, estaria diretamente relacionado à expansão territorial.

Por outro lado, também valorizando essa ligação "natural" com a terra, temos uma outra variante dessa interpretação naturalista do território, envolvendo o campo dos sentidos e da sensibilidade humana, que seriam particularmente moldados pela "natureza" ou pela "paisagem" ao seu redor. Esta visão sobrevaloriza e praticamente naturaliza uma ligação afetiva, emocional, do homem com seu espaço. Aqui, o território seria um imperativo, não tanto para a sobrevivência física dos indivíduos, mas sobretudo para o "equilíbrio" e a harmonia homem-natureza, onde cada grupo social estaria profundamente enraizado a um "lugar" ou a uma paisagem, com a qual particularmente se identificaria. Esta versão chega a seu extremo em algumas sociedades tradicionais em que uma natureza sacralizada, "morada dos deuses", determina a própria existência e a ação humanas.

Num outro extremo, teríamos uma concepção que poderíamos denominar etnocêntrica de território, a qual ignora toda relação sociedade-natureza, como se o território pudesse mesmo prescindir de toda "base natural" (e, mais ainda, sagrada) e fosse uma construção puramente humana, social. Esta, por sua vez, poderia advir tanto de um domínio material sobre o espaço, decorrente do poder de uma classe econômica e/ou de um grupo político dominante, como de sua apropriação simbólica, a partir da identidade que cada grupo cultural "livremente" construísse no espaço em que vive.

Um ponto comum entre essas diferentes versões sobre o território é que ele é sempre visto muito mais dentro das dimensões política e cultural do espaço do que em sua dimensão econômica. Apenas numa dessas vertentes "naturalistas", a função econômica torna-se o fundamento da definição de território, enquanto base "vital" de recursos para a sobrevivência humana. Embora não esteja implícita aqui nenhuma defesa da separação dessas esferas – muito pelo contrário, consideramos que elas jamais podem ser vistas isoladamente – não há dúvida de que, tradicionalmente, a concepção de território sempre esteve mais próxima das ideias de controle, domínio e apropriação (políticos e/ou simbólicos) do que da ideia de uso ou de função econômica.

Entre os geógrafos que mais aprofundaram essa discussão, a fim de tornar o conceito de território mais rigoroso e operacional, destaca-se Robert Sack (1986), em seu livro *Human Territoriality*. Sack define territorialidade como a "tentativa por um indivíduo ou um grupo de atingir, influenciar ou controlar pessoas, fenômenos e relacionamentos, através da delimitação e afirmação do controle sobre uma área geográfica". Ele enfatiza, portanto, o controle da acessibilidade, o território definido, sobretudo, através de um de seus componentes, a fronteira, forma por excelência de "controlar o acesso".

Trata-se, é óbvio, de uma visão preponderantemente política de território. Não é à toa que a ciência política é uma das áreas do conhecimento que mais trabalha este conceito –

veja-se, por exemplo, o trabalho de Alliès (1980), *L'invention du territoire*. O autor mostra que, mais do que um dado "natural" e espontâneo e que "naturaliza" a construção do Estado-nação, o território é uma invenção política do mundo moderno (obra de uma classe social, executada especialmente para seu próprio benefício). O termo território, raro até o século XVII, torna-se comum juntamente com a expansão burguesa, a partir do século XVIII.

Para outros, entretanto, ver o território apenas numa perspectiva política e, mais ainda, do ponto de vista do Estado e de suas fronteiras materiais, é muito simplificador. Muitos preferem priorizar a dimensão simbólica, vendo o território como fruto de uma apropriação simbólica, especialmente através das identidades territoriais, ou seja, da identificação que determinados grupos sociais desenvolvem com seus "espaços vividos". Neste sentido, parece-nos importante a distinção feita por Lefebvre (1986) entre apropriação e domínio do espaço. Através das práticas sociais e da técnica, o espaço natural se transforma e é dominado, tornando-se um espaço quase sempre "fechado, esterilizado, vazio", como o espaço dos aeroportos e das autoestradas. Esse conceito de espaço dominado só adquire sentido quando contraposto "ao conceito inseparável de apropriação". Afirma Lefebvre:

> De um espaço natural modificado para *servir* às necessidades e às possibilidades de um grupo, pode-se dizer que este grupo se apropria dele. A posse (propriedade) não foi senão uma condição e, mais frequentemente, um *desvio* desta *atividade* 'apropriativa' que alcança seu ápice na obra de arte. Um espaço apropriado lembra uma obra de arte sem que ele seja seu simulacro.

Para Lefebvre (1986, p. 193), a apropriação e a dominação do espaço deveriam aparecer juntas, "mas a história (aquela da acumulação) é também a da sua separação, da sua contradição", e quem leva a melhor, gradativamente, é o dominante. A "reapropriação" dos espaços, premente nos nossos dias, envolve aquilo que denominamos, aqui, um processo de reterritorialização em sentido pleno. Temos, assim, no conceito de apropriação definido por Lefebvre, um processo efetivo de territorialização, que reúne uma dimensão concreta, de caráter predominantemente "funcional", e uma dimensão simbólica e afetiva. A dominação tende a originar territórios puramente utilitários e funcionais, sem que um verdadeiro sentido socialmente compartilhado e/ou uma relação de identidade com o espaço possa ter lugar.

Assim, associar ao controle físico ou à dominação "objetiva" do espaço uma apropriação simbólica, mais subjetiva, implica discutir o território enquanto espaço simultaneamente dominado e apropriado, ou seja, sobre o qual se constrói não apenas um controle físico, mas também laços de identidade social. Simplificadamente podemos dizer que, enquanto a dominação do espaço por um grupo ou classe traz como consequência um fortalecimento das desigualdades sociais, a apropriação e construção de identidades territoriais resulta num fortalecimento das diferenças entre os grupos, o que, por sua vez, pode desencadear tanto uma segregação maior quanto um diálogo mais fecundo e enriquecedor.

Podemos, então, sintetizar, afirmando que o território é o produto de uma relação desigual de forças, envolvendo o domínio ou controle político-econômico do espaço e sua apropriação simbólica, ora conjugados e mutuamente reforçados, ora desconectados e contraditoriamente articulados. Esta relação varia muito, por exemplo, conforme as classes sociais, os grupos culturais e as escalas geográficas que estivermos analisando. Como no mundo contemporâneo vive-se concomitantemente uma multiplicidade de escalas, numa simultaneidade atroz de eventos, vivenciam-se também, ao mesmo tempo, múltiplos territórios. Ora somos requisitados a nos posicionar perante uma determinada territorialidade, ora perante outra, como se nossos marcos de referência e controle espaciais fossem perpassados por múltiplas escalas de poder e de identidade. Isto resulta em uma geografia complexa, uma realidade multiterritorial (ou mesmo transterritorial) que se busca traduzir em novas concepções, como os termos hibridismo e "glocal", este significando que os níveis global e local podem estar quase inteiramente confundidos.

Dessa interação constante entre múltiplas escalas e territórios, surge e avança cada vez mais o uso do termo rede, que contribui para compreendermos essas articulações entre diferentes territorialidades bem como suas estruturações internas. O conceito de rede nasce com o próprio capitalismo, e os primeiros pesquisadores que irão utilizá-lo aparecem no século XIX, quando tentam explicar determinadas formas espaciais disseminadas pelo novo sistema: redes de transporte cada vez mais articuladas, vários tipos de rede dentro das cidades (desde as redes de bondes e metrô até as redes de água e esgoto), diversas redes técnicas construídas para destruir e reordenar territórios que, com o surgimento do imperialismo, irão incluir os próprios circuitos do capital financeiro.

Poderíamos afirmar, então, que as sociedades tradicionais eram mais territorializadas, enraizadas, e que a sociedade moderna foi-se tornando cada vez mais "resificada" ou reticulada, quer dizer, transformada através de fluxos cada vez mais dinâmicos, marcados pela velocidade crescente dos deslocamentos, passando de um mundo "tradicional" mais introvertido para um mundo "moderno" cada vez mais extrovertido e globalizado. Isso não significa, entretanto, como parecem defender certos autores, que a desterritorialização, através de redes (especialmente as redes do capital financeiro e da sociedade de consumo), torna-se cada vez mais dominante, como se um processo inexorável rumo a um mundo "sem territórios" estivesse em vias de concretização (a este respeito, ver também o último capítulo deste livro).

Alguns autores chegam a essas posições extremas simplesmente porque só enfatizam o espaço de uma minoria privilegiada, que tem acesso a essas redes técnicas da comunicação simultânea, onde se aperta um botão e se pode ficar, dia e noite, apostando nas bolsas de valores do mundo inteiro. Na verdade, o que se tem é um constante processo de des-re-territorialização (RAFFESTIN, 1988), um refazer de territórios, de fronteiras e de controles que variam muito conforme a natureza dos fluxos em deslocamento, sejam eles fluxos de migrantes, de mercadorias, de informação ou de capital.

Em plena era da globalização, divisa-se, inclusive, o aparecimento de vários territórios praticamente inacessíveis, novas "terras incógnitas" (RUFIN, 1991, v. mapa p. 60) que se fecham à mobilidade planetária, tanto no sentido de serem um produto da globalização, excluídos da dinâmica econômica dominante, quanto no de reagirem à globalização (e à ocidentalização que geralmente a acompanha), como ocorre em algumas áreas dominadas pelos fundamentalismos étnicos e religiosos.

É verdade que, em certo sentido e sob certas condições, existem redes efetivamente globais, envolvendo o mundo em seu conjunto. Mas como uma das características das redes é que elas formam apenas linhas (fluxos) que ligam pontos (polos), jamais preenchendo o espaço no seu conjunto, muitos são os interstícios que se oferecem para outras formas de organização do espaço. Identificar as redes de dimensão planetária e que, segundo alguns autores, servem de embrião para a formação de um "território-mundo" (como a "Terra-pátria" de Morin e Kern, 1993), é tão importante quanto identificar as redes de caráter local e regional que, muitas vezes, possuem potencial para propor organizações territoriais alternativas.

Falamos territoriais porque, como enfatizamos no início, não podemos separar território de rede, a não ser como instrumentos analíticos. A realidade concreta envolve uma permanente interseção de redes e territórios: de redes mais extrovertidas que, através de seus fluxos, ignoram ou destroem fronteiras e territórios (sendo, portanto, desterritorializadoras), e de outras que, por seu caráter mais introvertido, acabam estruturando novos territórios, fortalecendo processos dentro dos limites de suas fronteiras (sendo, portanto, territorializadoras).

Assim como devemos distinguir entre redes desterritorializantes e (re)territorializantes, devemos distinguir entre aquelas "funcionais" ou instrumentais, voltadas para a eficácia do sistema econômico capitalista, e aquelas mais simbólicas ou de solidariedade, voltadas para as territorialidades mais alternativas ao sistema dominante (de caráter comunitário, por exemplo). Mas como nem todas as redes têm uma dimensão geográfica ou territorial nítida (daí a possibilidade de muitos estudos basicamente sociológicos sobre o tema, como em Scherer-warren, 1993), o geógrafo deve ter cuidado para não confundir redes geográficas e redes em sentido mais amplo.

Um caminho interessante para apreender essa diferenciação é aquele que permite analisar a rede enquanto fortalecedora de determinados territórios ou, em outras palavras, como um elemento do território, e a rede enquanto desestruturadora de fronteiras territoriais, onde um território político-administrativo, como um município, pode-se tornar um elemento da rede. A hierarquia que, muitas vezes, reúne vários territórios de escalas diferentes, como as unidades políticas tradicionais – municípios, províncias, Estados-nações – só existe porque vários tipos de rede jurídico-administrativas e econômicas vinculam estes territórios. Assim, dependendo da escala geográfica em que se concentrar nossa observação, estaremos percebendo mais, ora os territórios, ora as redes que os conectam (ou que os compõem).

No mundo contemporâneo há uma dialética de des-re-territorialização, onde a cada momento, em cada escala e segundo a dimensão do espaço (econômica, política, cultural ou "natural") ocorrem múltiplas interações entre territórios e redes. É curioso lembrar que, mesmo no chamado meio natural, comprova-se hoje que não basta criar "reservas", territórios fechados, para a sobrevivência de animais e plantas. Torna-se imprescindível construir, também, entre estas reservas descontínuas, elos de continuidade que permitam intercâmbios e fluxos, pois o próprio ecossistema não pode funcionar como uma constelação de enclaves desconectados.

Se o mundo hoje é marcado por processos de globalização, onde quem comanda são as redes construídas pelas grandes corporações financeiras e do comércio transnacional, nem assim elas conseguem ter pleno controle sobre a organização do espaço planetário. Isto porque, além de algumas reações sociopolíticas e culturais contrárias à globalização, ocorre a proliferação de redes econômicas e de poder ilegais que o sistema formalmente instituído não consegue controlar ou cooptar totalmente. Esse crescimento dos circuitos ilegais, como o contrabando e o narcotráfico, são fruto também do intenso processo de exclusão que acompanha a atual globalização capitalista, altamente seletiva em relação à força de trabalho a ser incorporada numa economia cada vez mais sofisticada em termos tecnológicos.

Assim, nem só da "ordem" de redes-territórios se organiza o espaço contemporâneo. Massas crescentes de excluídos, as quais denominamos "aglomerados humanos de exclusão" (HAESBAERT, 1995), proliferam pelo mundo, especialmente em periferias que alguns já denominam de "abandonadas", como muitas áreas do interior do continente africano. Um exemplo claro são os refugiados, vivendo em acampamentos instáveis e insalubres, cujo número passou de dois milhões, em 1970, para 27 milhões em 1994. A eles, principalmente no mundo "tropical", como diz Rufin (1991, p. 69), não se oferece um território ("um país") em caráter definitivo:

> A migração do refugiado tropical não é mais um estado transitório entre duas cidadanias completas; é um estado indefinidamente prolongado, uma condição de espera, sem esperança nem retorno. A proteção [...] do refugiado é seu encerramento num campo. Construção provisória, deliberadamente mantida à margem do país onde se situa, o campo de refugiados é um lugar de enorme desenraizamento. [...] Diante das migrações em massa, as Nações Unidas elaboraram o discutível conceito de "não repatriamento". É o grau zero de asilo: não se repatria o migrante, mas tampouco se lhe reconhece como refugiado. Ele ultrapassou toda aquela primeira etapa, a que desenraíza: passou para outro lado de uma fronteira. Ele aí é mantido em um *não status*, uma espécie de armadilha jurídica. Não está mais em seu primeiro país, mas não chegou a um segundo. [...] a proteção se reduz a um asilo temporário que pereniza seu desenraizamento.

Temos assim, num extremo, os "aglomerados de exclusão" – grupos de indivíduos totalmente desenraizados ou desterritorializados, cujo único objetivo, praticamente, é a sobrevivência física cotidiana – e, no outro extremo, os "territorialismos", espaços cujos grupos se fecham ao diálogo com o Outro e se prendem a identidades, muitas vezes reacionárias e conservadoras, como única forma de se sentirem reintegrados socialmente. Às vezes, com uma facilidade impressionante, esses dois extremos se encontram: os excluídos, "desclassificados" e "deslocados", sem territórios ou redes bem definidos são cooptados pelas ideologias mais retrógradas que os enclausuram em territórios os mais fechados e exclusivistas. Nas palavras de Rufin (1991, p. 73), esses milhões de desenraizados, "vítimas primeiro de terem migrado e, depois, de não mais poderem fazê-lo", acabam excluídos de tudo, "menos dos tráficos" (redes ilegais) e da guerra (violência de toda ordem: étnica, religiosa, econômica...).

Para finalizar, seria importante exemplificar com um mapa do mundo contemporâneo (v. mapa 2), parcialmente adaptado/atualizado a partir de Lévy et al. (1992), onde temos uma ideia do uso que se pode fazer, inclusive em sala de aula, desses conceitos de território, rede e aglomerados humanos de exclusão (este último um acréscimo nosso, não explicitado no mapa, e trabalhado com mais profundidade em Haesbaert, 1995b).

O mapa mostra como é complexo, hoje, cartografar o mundo, numa visão ao mesmo tempo didática e não simplificadora. Podemos afirmar que convivem claramente duas lógicas, uma mais "tradicional", pautada no domínio territorial em área, como o dos Estados-nações – hoje estendido à lógica dos blocos econômicos, especialmente no caso da União Europeia –, e uma lógica das redes, que assumem um caráter cada vez mais planetário, a principal delas constituída por aquilo que Lévy denomina "oligopólio mundial", fundado pela tríade Japão – Estados Unidos – União Europeia. Cada um desses núcleos estende seus tentáculos (redes) prioritariamente sobre determinados espaços do planeta:

- o Japão (que cada vez mais se vê obrigado a fazer parceria com os tigres asiáticos e com a China) sobre o Sudeste Asiático e a Oceania (ele hoje é o principal parceiro comercial e investidor na Austrália);

- os Estados Unidos sobre a América Latina (onde hoje disputa influências também com a União Europeia e o Extremo Oriente);

- e a União Europeia sobre o antigo bloco soviético e as antigas colônias africanas.

Dentro do contexto da globalização, e de certa forma para melhor executá-la, pelo menos em nível econômico, a formação de blocos econômicos e zonas de livre comércio busca uma divisão mais "justa" em termos de fatias prioritárias de mercado e investimentos. Trata-se, tal como a nova divisão internacional do trabalho no interior das grandes corporações (que mantêm seus centros de gestão nos países centrais, mas deslocam vários segmentos da produção para a periferia, usufruindo vantagens como tecnologia e força de trabalho mais baratas), de uma "fragmentação" para melhor globalizar.

Podemos concluir afirmando que o binômio território-rede pode ser um recurso analítico-conceitual de extrema relevância para os estudos do geógrafo e do professor de Geografia, abrindo novas perspectivas de estudos que contemplam, ao mesmo tempo, a face globalizante (especialmente das grandes redes financeiras e informacionais, legais e ilegais) e a face fragmentadora (por exemplo, através do fortalecimento de identidades étnico-territoriais, tanto em nível regional como nacional e mesmo supranacional, como é o caso do mundo islâmico), sem esquecer que, totalmente mesclados a essa relativa ordem de territórios-redes, encontra-se também uma massa de excluídos, cuja (i)mobilidade sugere espaços potencialmente explosivos, "fora de controle". O grau de "barbárie" com que nos deparamos hoje ao divisar principalmente a confusão político-cultural do espaço planetário, como bem ressaltam vários autores (entre eles, RUFIN, 1991; ENZENSBERGER, 1994 e HOBSBAWM, 1995), também não pode ser menosprezado.

## Mapa 2 Territórios e redes

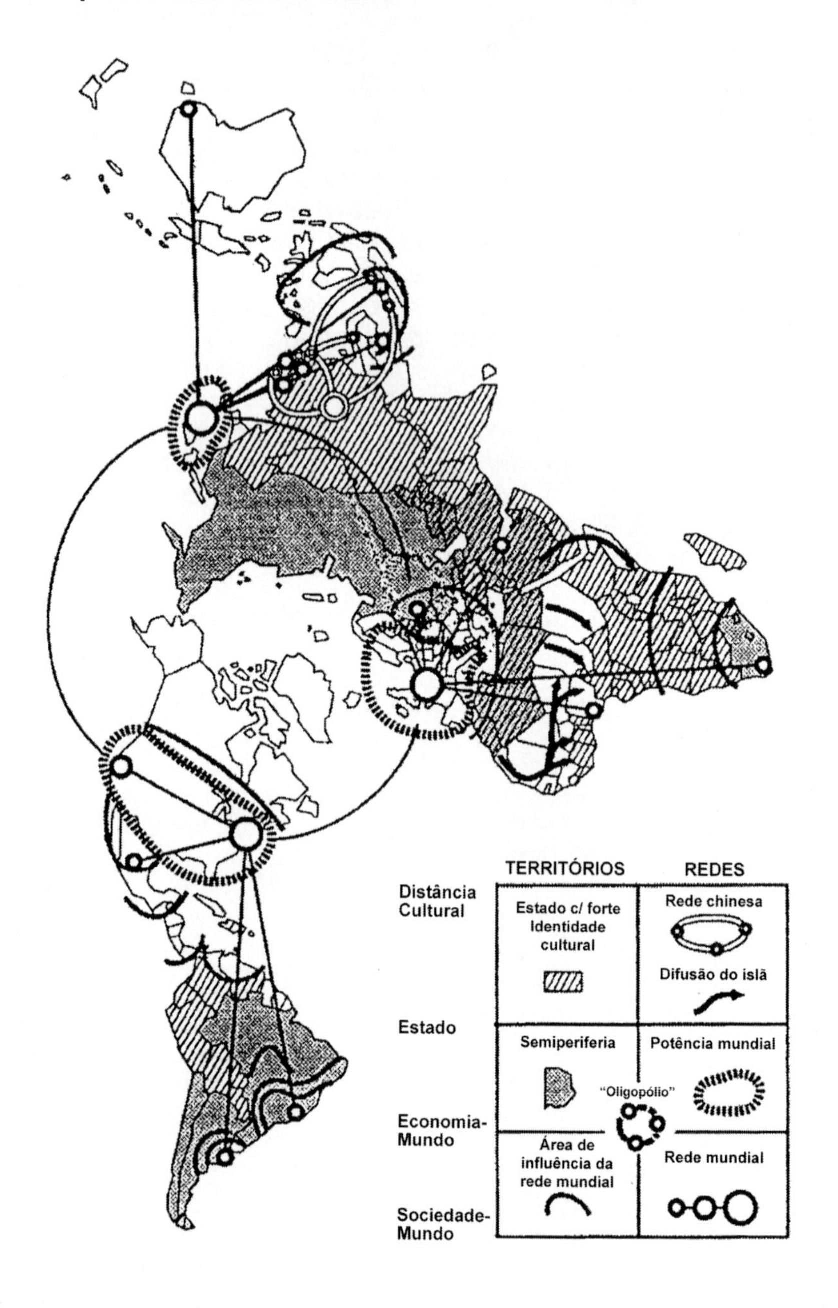

## FIM DOS TERRITÓRIOS, DAS REGIÕES, DOS LUGARES?

Este texto pretende ser uma discussão e uma proposta preliminar de sistematização dos conceitos básicos da Geografia (especialmente os de território, região, paisagem e lugar), como uma contribuição a um debate teórico mais amplo frente a alguns discursos correntes como o do fim dos territórios, o do fim das regiões e o da proliferação dos "não lugares".

Para muitos autores, os processos dominantes de globalização teriam feito imperar o mundo desenraizado, "móvel", dos fluxos e das redes, principalmente aquele das grandes corporações transnacionais, em detrimento do mundo "mais controlado" e mais enraizado dos Estados-nações e dos diferentes grupos culturais. Virilio (1982) chegou a afirmar que a grande questão deste final de século era a desterritorialização e que, mais do que um fim da História, como afirmou Fukuyama, tratava-se, com a abolição das distâncias, de um "fim da geografia" (VIRILIO, 1997; O'BRIEN, 1992).

Geralmente se acredita que os "territórios" (geográficos, sociológicos, afetivos... ) estão sendo destruídos, juntamente com as identidades culturais (que seriam também territoriais) e o controle (principalmente o estatal) sobre os espaços. A razão instrumental, por meio de suas redes técnicas globalizadoras, tomaria conta do mundo, surgindo uma sociedade-rede (CASTELLS, 1996), onde proliferariam cada vez mais os não lugares (AUGÉ, 1992).

Tudo isto nos leva a reavaliar os conceitos básicos da Geografia, a começar pelo de território, e implica que tenhamos mais rigor na definição/utilização destes conceitos. Embora saibamos que não há como – e nem seria producente – buscar formulações bem definidas para nossos conceitos, devemos admitir que, enquanto "rede" que estendemos sobre o mundo para apreender algumas de suas propriedades, não resta dúvida de que a malha desta rede precisa ter um mínimo de coerência e clareza. Aliás, as ambiguidades e o caráter metafórico com que esses conceitos têm sido tratados em outras áreas exige uma posição mais firme, especialmente desta que é a disciplina que reivindica a primazia na discussão e aplicação dessas noções.

Vejamos o que acontece com aquele que é, hoje, o conceito mais difundido na Geografia, o de território. A maioria dos trabalhos focaliza a destruição dos territórios, ou seja, a desterritorialização, sem deixar claro que concepção de território encontra-se por trás deste processo. Façamos, portanto, o caminho inverso, começando pelas ideias mais difundidas sobre desterritorialização, a fim de perceber que concepções de território se encontram aí subentendidas. Propomos, sintetizando, identificar as seguintes interpretações:

1. Uma perspectiva mais economicista: a desterritorialização é vista como superação dos entraves locais ou de localização, sendo por isto percebida, muitas vezes, como sinônimo de "deslocalização" (industrial, principalmente), a empresa capitalista podendo se instalar onde bem entender, liberta dos constrangimentos locais. O território é visto assim, sobretudo, como localização num espaço físico, concreto. Nesta linha temos a abordagem de Storper (1994), quando este define desterritorialização como "enfraquecimento da atividade econômica específica de um local e menor dependência dessa atividade em relação a locais específicos" (p. 14). Em contrapartida,

> uma atividade é territorializada quando sua efetivação econômica depende da localização (dependência do lugar), e quando tal localização é específica de um lugar, isto é, tem raízes em recursos não existentes em muitos outros espaços ou que não podem ser fácil e rapidamente criados ou imitados nos locais que não os têm (p. 15, grifos do autor).[1]

2. Uma abordagem que poderíamos denominar "cartográfica": a desterritorialização constitui, antes de mais nada, a superação do constrangimento "distância", uma espécie de "superação do espaço pelo tempo", como na abordagem de Virilio (1997). Defende-se aí uma diminuição ou mesmo anulação (pela velocidade) do "fator geográfico" ou espacial por excelência, a distância (física, cartográfica), em favor do tempo, da história. É curioso que, muito próxima desta perspectiva, aparece aquela que vê a desterritorialização como o domínio da simultaneidade (do "tempo real") sobre a sucessão temporal – suprime-se então o "tempo", enquanto visão

[1] É importante ressaltar que Storper reconhece o conceito mas não defende que as empresas estejam dominadas por este caráter "desterritorializado".

diacrônica e sucessiva dos eventos sociais, e ocorre uma "superabundância de espaço", na medida em que toda a superfície da Terra pode estar conectada. É esta a posição de um autor como Pierre Lévy (1998); ele afirma que, na cibercultura contemporânea, a "tradição" se situa na "sincronia ideal do ciberespaço", pois "a cibercultura encarna a forma horizontal, simultânea, puramente espacial da transmissão. Para ela, o tempo é uma decorrência. Sua principal operação é conectar no espaço, construir e estender os rizomas do sentido" (p. 3)

3. Uma leitura da desterritorialização como domínio da imaterialidade: em parte se confunde com a anterior (ou se torna seu pré-requisito), ao enfatizar o domínio das relações imateriais, que prescindem de bases materiais. O território é visto antes de tudo como o espaço concreto em que se produzem ou se fixam os processos sociais. Esta "ciberdesterritorialização" é a visão defendida por muitos estudiosos do chamado ciberespaço, envolvido por relações sem referencial espacial concreto, um pouco na linha de O'Brien (1992), quando este fala no "fim da Geografia" pelas conexões informacionais que permitem a pretensamente livre circulação financeira planetária.

4. A desterritorialização como "esvaziamento das fronteiras" (num sentido político-disciplinar) enquanto constrangimentos ao livre acesso, à livre circulação (de bens, pessoas, informações): enfatiza-se aí a dimensão política e caminha-se *pari passu* com a ideia do fim ou de enfraquecimento do Estado-nação. O "fim dos territórios", de Bertrand Badie (1995), vistos por ele, sobretudo, como os territórios dos Estados-nações, e o "fim do Estado-nação" de Ohmae (1996) podem ser tratados nesta linha de abordagem.

5. Por fim, uma desterritorialização culturalista: percebida a partir de uma leitura do território como fonte de identificação cultural, referência simbólica que perde sentido e se transforma em um "não lugar". Estes "não territórios", culturalmente falando, perdem o sentido/o valor de espaços aglutinadores de identidades, na medida em que as pessoas não mais se identificam simbólica e afetivamente com os lugares em que vivem, ou se identificam com vários deles ao mesmo tempo e podem mudar de referência espacial-identitária com relativa facilidade.

Temos, então, dependendo da ênfase a um ou outro de seus aspectos, uma desterritorialização baseada numa leitura econômica (deslocalização), cartográfica (superação das distâncias), "técnico-informacional" (desmaterialização das conexões), política (superação das fronteiras políticas) e cultural (desenraizamento simbólico-territorial). Na verdade, parece claro, são processos concomitantes: a economia se multilocaliza, tentando superar o entrave distância, na medida em que se difundem conexões instantâneas que relativizam o controle físico das fronteiras políticas, promovendo, assim, um certo desenraizamento das pessoas em relação aos seus espaços imediatos de vida.

Mas o que se vê, na realidade, são relações muito complexas. A mundialização, paradoxalmente, tem alimentado também a retomada dos localismos, regionalismos e/ou nacionalismos, muitas vezes retrógrados e espacialmente segregadores, como vem ocorrendo na fragmentação da ex-Iugoslávia e no interior da antiga União Soviética. Colocando à parte interpretações economicistas do tipo "transformar-se em novos Estados para melhor se integrar ao mercado mundial", a velocidade dos fluxos e a simultaneidade proporcionada pelo progresso técnico não implicam, obrigatoriamente, a superação de uma *reterritorialização* diferenciadora e ressingularizante. Basta ver o movimento em curso em grande parte dos países muçulmanos.

O processo globalizador desterritorializante é, portanto, muito mais complicado do que parece. Aqueles que acreditam no fim dos territórios geralmente propõem que em seu lugar estão emergindo as redes, muito mais dinâmicas, móveis, fluidas (ver especialmente as posições de Lévy, 1992, e Badie, 1995). Muitos esquecem que a rede pode ser vista tanto como um elemento fundamental constituinte do território, como pode até mesmo se confundir com ele, como na noção de território-rede defendida por Veltz (1996), Souza (1995), e Haesbaert (1994). Além disso, a estrutura social em rede pode atuar tanto como um elemento fortalecedor do território (vide as redes de infraestrutura no interior de um Estado-nação) quanto como um componente fundamental na promoção da desterritorialização.

A desterritorialização que ocorre em uma escala geográfica geralmente implica uma reterritorialização em outra escala, por isto a relação entre redes e territórios é permanente é indissociável. Neste sentido, o exemplo dos blocos econômicos "regionais" é bem elucidativo: enquanto as redes econômicas no interior do Mercosul enfraquecem os controles ("desterritorializam") entre as fronteiras Brasil-Argentina, elas podem estar fortalecendo o controle ("reterritorializando") nas "fronteiras" entre o Mercosul e outros blocos econômicos.

Especialmente pertinente, nesse sentido, é o conceito de território, ou melhor, de territorialidade, defendido por Sack (1986). Para este autor, o território surge a partir da "tentativa, por um indivíduo ou grupo, de atingir, influenciar ou controlar pessoas, fenômenos e relacionamentos através da delimitação e afirmação do controle sobre uma área geográfica". Como já destacamos em capítulo anterior ("O binômio território-rede"), fica claro, aqui, o caráter dominantemente político do território e sua vinculação com a ideia de controle da acessibilidade.

Para Sack, uma "região" econômica (o "cinturão do milho", por exemplo) ou uma região funcional urbana (a área de influência do Rio de Janeiro, por exemplo) só se transforma em território na medida em que se torna a base para uma ação política – ou político-econômica – específica, como quando a delimitação dessas áreas serve de base para um programa bem definido de investimentos públicos.

Um outro conceito central e muito tradicional da Geografia é o conceito de região. Mas, tal como o território, também a região – e isto há muito mais tempo – vem sendo objeto de polêmica acirrada sobre o seu "fim" – ou sobre o seu caráter de obsolescência. Lacoste (1988), no início da "revolução marxista" na Geografia, já afirmava que a região constituía um "conceito obstáculo", à medida que restringia a análise geográfica privilegiando uma escala de análise, impedindo, assim, a compreensão da "espacialidade diferencial", em múltiplas escalas.

Na verdade trata-se, novamente, de uma grande simplificação. Quando se fala que a lógica das regiões (tradicionalmente uma "lógica zonal" ou em áreas) está sendo sobrepujada pela lógica das redes (uma lógica reticular, de pontos – ou conexões – e linhas ou fluxos), ignora-se que o conceito de região incorporou a ideia de rede. É o caso, por exemplo, da região funcional (baseada nas redes urbanas de comércio e serviços) e da região como produto da divisão territorial do trabalho (fundamentada nas redes de reprodução do capital), ambas admitindo amplamente a sobreposição de limites regionais.

Mesmo se considerarmos a região apenas dentro de uma lógica zonal, em termos de fenômenos sociais que se manifestam na forma de áreas, com limites relativamente bem definidos, encontramos ainda, em vários países, manifestações como os movimentos regionalistas e as identidades regionais, que se reproduzem dessa forma. Que o digam os regionalismos (quando não nacionalismos) da Catalunha, do país basco, da Córsega, da Padânia – este último praticamente inventando uma área/região cujas características de homogeneidade e unidade (o vale do Pó) nunca foram muito evidentes.

Uma discussão interessante mas poucas vezes encarada pelos geógrafos é aquela que distingue e/ou associa as noções de território e de região. Até que ponto a região ou o "fato regional" distinguir-se-ia do território?

Antes de entrarmos especificamente nessa discussão, devemos lembrar algumas proposições gerais, válidas para qualquer discussão conceitual:

- todo conceito tem uma validade temporal, ou seja, deve ser delimitado historicamente (por exemplo, há quem defenda uma abordagem sobre território válida para qualquer período da história,[2] outros localizam-na apenas na era moderna); é importante revelar a origem do conceito, tanto no sentido de sua existência "real" quanto de sua formulação teórica (por isso, como podemos ver no Quadro 5, em anexo, os principais conceitos da Geografia têm relação prioritariamente com determinadas fases ou correntes teóricas da disciplina);

[2] Neste caso ele poderia ser confundido com "categoria", no sentido proposto pelo Dicionário de Filosofia Cambridge como o gênero de entidades mais amplo (no caso, de uma área de conhecimento).

• todo conceito geográfico deve possuir uma referência e/ou delimitação espacial clara; "região", por exemplo, pode ser um conceito universal, recorte espacial independente da escala, dotado de certa coesão e coerência; uma "mesoescala" como aquela entre os níveis local e nacional, ou ainda pode restringir-se a algumas parcelas dentro deste mesoespaço, aquelas em que se manifestam determinados processos sociais – como é o caso dos regionalismos e das identidades regionais (ver HAESBAERT, 1988);

• devemos explicitar se entendemos o conceito como um instrumento teórico, recurso analítico formulado *a priori* para compreender o real ou se ele se confunde com uma realidade efetivamente existente (vide a distinção entre a região lablacheana "ontologicamente" evidenciada no terreno e a região hartshorneana, simples instrumento metodológico do pesquisador);

• considerando o conceito, sempre, como produto do jogo entre "realidade" e representação, uma indissociável da outra, sendo criado para decifrar o real e ao mesmo tempo tendo o poder de se impor sobre esta realidade (produzindo outras), devemos demonstrar como se dá esta interação entre uma dimensão mais concreta e uma dimensão mais abstrata, o "conceito" como um elemento constituinte da própria realidade, no sentido de realidade concomitantemente física e simbólica, materialidade e representação. Assim, seria difícil aceitar uma concepção puramente "abstrata" ("idealista") ou "concreta" ("materialista") de território.

Deste modo, considerando estes pressupostos, podemos afirmar que:

a. "Território" tem um sentido mais amplo que região, pois envolve as múltiplas formas de apropriação do espaço, nas diversas escalas espaçotemporais. Se antes a territorialidade era vista muito mais como fixação e (relativa) estabilidade, hoje o território também se constrói numa espécie de "mobilidade controlada", como o território-rede das grandes corporações transnacionais.

b. Região não deve ser definida no sentido genérico de "divisão" ou recorte espacial, sem importar a escala, como indicam os processos de regionalização (a este respeito, ver nossa discussão em Haesbaert, 1999); ela deve ser vista como produto de um processo social determinado que, expresso de modo complexo no/pelo espaço, define-se também pela escala geográfica em que ocorre, podendo ser, assim, um tipo de território;

c. Região pode ser uma concepção mais consistente (e útil) quando associada a processos sociais específicos de (re)territorialização, especialmente a dinâmica de formação de regionalismos (políticos) e identidades regionais;[3] esses processos encontram-se intimamente vinculados à desterritorialização promovida via redes técnico-econômicas, à qual acrescentam uma dimensão identitária, não instrumental.

d. Região também se define, assim, pela escala geográfica em que ocorre, ou seja, tradicionalmente ela corresponde a uma mesoescala; mesoescala que varia conforme a fase histórica: se antes o Estado-nação era a escala de referência básica frente à qual a região se definia, sua perda (às vezes bastante relativa) de poder e a emergência de novas organizações, supranacionais (como as megaempresas), não faz com que a região desapareça, mas faz com que as relações que a definem mudem de escala. Assim, ao lado de ou imbricadas a regiões "tradicionais", contínuas, com fronteiras melhor definidas e articuladas frente ao Estado-nação, aparecem "regiões-rede", ou melhor, "redes regionais", produto principalmente da intensificação das migrações, onde muitos grupos levam consigo a identidade regional e mesmo traços do regionalismo de sua região de origem (HAESBAERT, 1997).[4]

---

[3] Conforme nosso conceito de região proposto a partir da Campanha Gaúcha como "um espaço (não institucionalizado como Estado-nação) de identidade ideológico-cultural e representatividade política, articulado em função de interesses específicos, geralmente econômicos, por uma fração ou bloco 'regional' de classe que nele reconhece sua base territorial de reprodução" (HAESBAERT, 1988, p. 25). utilizado também na análise de Penna (1992) para o caso nordestino.

[4] Por outro lado, para quem vê a região muito mais no sentido de unidade econômica, como Ohmae (1996) e Scott (1998). há a recriação de espaços regionais em mesoescalas no interior de Estados-nações (como São Paulo) ou entre Estados-nações (como Malásia, Cingapura e noroeste da Indonésia), ambos definidos frente aos processos de globalização. Scott (1998) entende região como "uma área geográfica caracterizada por um nível mínimo de desenvolvimento metropolitano, juntamente com uma área associada do interior [*hinterland*], isto é, uma área que funciona como a estrutura espacial comum da vida cotidiana para um grupo definido de pessoas e que contém uma mescla densa de atividades socioeconômicas sujeitas a forças centrípetas e de polarização". (p. 1)

É muito importante verificar que novas concepções, como as de territórios-rede e de redes regionais indicam não a simples superação de antigas realidades (que em muitos casos ainda permanecem) e dos conceitos que procuravam traduzi-las, mas a emergência concomitante de situações mais complexas e, em parte, ambivalentes (BAUMAN, 1999), em que o controle e os enraizamentos convivem numa mesma unidade com a mobilidade, a fluidez e os desenraizamentos.

Essa ambivalência, que alguns denominam de "pós-moderna", também está presente em outros dois conceitos centrais da Geografia, o de lugar e o de paisagem. Mas, enquanto região e território enfrentam o dilema do confronto entre duas lógicas (a lógica zonal sendo sobrepujada pela lógica reticular) dentro de uma visão mais racionalista, objetiva, do espaço geográfico,[5] lugar e paisagem se referem a questões que envolvem, sobretudo, uma dimensão mais subjetiva do espaço.

Assim, paisagem, que é um conceito com maior tradição na Geografia do que lugar, viveu, desde os seus primórdios, o dilema do confronto entre objetividade e subjetividade. A visão naturalista ou de paisagem natural, dominante nas primeiras noções de paisagem, via tão somente uma dimensão objetiva, no sentido de uma "morfologia" dos aspectos naturais. Já a visão "culturalista" ou da paisagem cultural logo se subdividiria em duas frentes – uma, também objetiva, que priorizava as formas construídas pelo homem, pela "cultura" (por exemplo, Hettner, apud Etges, 2000; e Sauer, 1988 [original: 1925]), e outra que focalizava mais a percepção, os sentidos, numa paisagem definida pela escala de apreensão do olhar de cada indivíduo (ver Schlütter, apud Etges, 2000, e a "morfologia estética da paisagem" em Sauer, 2000 [original: 1956]).

Hoje, um dos geógrafos que dá maior centralidade ao conceito de paisagem na Geografia é Augustin Berque (BERQUE, 1990; 1995). A paisagem seria uma das duas di-

---

[5] O que não impede, como sabemos, alguns autores de destacarem também a dimensão mais subjetiva do território (na noção de "território cultural" ou simbólico, como tratam Bonnemaison e Cambrezy, 1996) e da região (como na "região como espaço *vivido*" de Frémont, 1980).

mensões do "meio", definido como a "relação de uma sociedade com seu espaço e com a natureza" (BERQUE, 1990, p. 48). Esta "relação medial ou mesológica" é, ao mesmo tempo, física ou factual– o "ambiente" –, e sensível/simbólica – a "paisagem". Ele toma partido explícito pelo caráter simbólico e mais subjetivo da paisagem, concepção que hoje se tornou mais ou menos generalizada, variando apenas a escala – para alguns centrada na percepção individual, para outros podendo se ampliar até a percepção de unidades culturais mais amplas.

Lugar, por fim, além de envolver características mais subjetivas, na relação dos homens com seu espaço, em geral implica também processos de identificação, relações de identidade. Muitos autores fora da Geografia têm utilizado a noção de lugar na sua interpretação da sociedade contemporânea. Algumas contribuições importantes a essa discussão conceitual têm vindo, portanto, de áreas como a sociologia e a antropologia.

Castells (1996) distingue espaço de fluxos e espaço de lugares, um pouco na linha das duas lógicas a que já nos referimos: a lógica reticular (de fluxos) e a lógica zonal (de "lugares"). Assim, ele define lugar como "um local cuja forma, função e significado são independentes dentro das fronteiras da contiguidade física" (p. 448), como ocorre no bairro de Belleville, em Paris, com seu "espaço interativo significativo, com uma diversidade de usos e ampla gama de funções e expressões" (p. 448-449 na edição brasileira).

O antropólogo Marc Augé (1992), numa leitura semelhante, vê o lugar (ou o "lugar antropológico") como "construção concreta e simbólica do espaço", "princípio de sentido para aqueles que o habitam e princípio de inteligibilidade para os que o observam" (p. 68), possuidor de três características comuns: são identitários, relacionais e históricos. Definido por uma "estabilidade mínima" (p. 71), ele nunca aparece, entretanto, numa "forma pura", conjugando-se com aqueles espaços não identitários, não relacionais e não históricos a que Augé denomina, polemicamente, de "não lugares".

O geógrafo Yu Fu Tuan (1983) enfatiza ainda mais este caráter de relativa estabilidade dos lugares, pois "se pensarmos no espaço como algo que permite movimento, então o lugar é pausa; cada pausa no movimento torna possível que localização se transforme em lugar" (1983, p. 6). O lugar é um espaço dotado de valor, "um mundo de significado organizado" (p. 198), cujo sentido não seria desenvolvido se víssemos o mundo em constante mutação.

É interessante lembrar, contudo, que há muitas controvérsias sobre a noção de lugar, e muitos ainda o tratam mais no sentido de "espaço geométrico" ou de localização espacial, "cada coisa no seu lugar". Certeau (1997) lembra que cada lugar é próprio, não exatamente por ser dotado de um sentido particular, mas porque "aí impera a lei do 'próprio': os elementos considerados se acham uns *ao lado* dos outros, cada um situado num lugar 'próprio' e distinto que define" (p. 20). Na medida em que é "praticado", o lugar se transforma em espaço. Exatamente o oposto da concepção de Tuan, para quem "espaço é mais abstrato do que 'lugar'. O que começa como espaço indiferenciado transforma-se em lugar à medida que o conhecemos melhor e o dotamos de valor" (TUAN, 1983; p. 6).

No sentido de Certeau, inspirado na diferenciação de Merleau-Ponty entre "espaço 'geométrico' ('espacialidade homogênea e isotrópica')" e "espaço antropológico" (vinculado às múltiplas experiências espaciais), lugar pode se confundir com "local", com "localização". Assim, uma outra concepção é aquela que simplesmente associa lugar com escala local de ocorrência dos fenômenos. Aí a confusão é grande, mas hoje, pelo menos no âmbito da Geografia, lugar não é tratado como mera questão de escala, traduzindo todo um contexto social de interação e significado.

A emergência dos "não lugares" tão alardeada por Marc Augé, tal como o fim dos territórios ou o discurso da desterritorialização, acaba, de qualquer forma, tendo de ser bastante relativizada. Primeiro, porque os "lugares" não estão simplesmente perdendo identidade, relações, história. Tal como em relação à territorialidade, cada vez mais múltipla, eles muitas vezes estão se redefinindo pela multiplicidade de identidades, relações e histórias que passam a incorporar.

Há até mesmo aqueles que começam a reler o "lugar" não a partir da pausa e de uma relativa estabilidade, mas em sua vinculação cada vez mais indissociável com os processos da globalização. Assim, autores como Massey e Jess (1995) propõem "questionar a noção de lugar como algo fechado, internamente coerente e bem estabelecido" (uma "comunidade de segurança") e vê-lo como "um lugar-encontro, o local de interseções de um conjunto particular de atividades espaciais, de conexões e inter-relações, de influências e movimentos" (1995, p. 59).

Num artigo de 1991, publicado recentemente em português, Doreen Massey (2000) discute as relações local-global e propõe "uma interpretação alternativa de lugar", não como o lugar de uma longa herança histórica e identitária, mas um lugar de relações (encontros) e múltiplas identidades. Assim como o território e a região nas concepções tradicionais não incorporavam explicitamente a ideia de rede, aqui também se trata, podemos dizer, da superação de uma visão de lugar como espaço de fronteiras bem definidas e sua substituição por um lugar de conexões, "momentos articulados em redes de relações e entendimentos sociais" (p. 184) em escalas muito maiores que as costumeiramente utilizadas para defini-lo, ou seja, na articulação permanente entre os níveis local e global.

É neste sentido que surge também uma outra noção ambivalente, a de "glocal", definido como a interação de relações de globalização e de "localização". Aí, o nível local não representa uma simples reprodução do global, nem constitui simplesmente a sua antítese, mas interage com ele criando um novo processo que autores como Robertson (1995) denominam de "glocalização", a imposição de processos globais (dominantemente homogeneizadores) recebendo constantemente influências de caráter local (diferenciadoras) e refazendo-as num amálgama onde já não se distingue mais onde começa um e termina o outro.[6]

Seja como for, não resta dúvida de que a modernidade radicalizada ou, para outros, a pós-modernidade dos nossos dias, não só não decretou a morte do espaço (ou da Geografia), como recupera, em novas bases, mais complexas e mais

[6] A este respeito, ver também Beck (1999).

híbridas, velhas noções que são retomadas com novo ímpeto na própria dinâmica concreta da sociedade. Grupos reivindicam seus "territórios", mesmo sabendo que estão mergulhados num universo de redes (e territórios) de diversas naturezas; classes defendem interesses de suas "regiões", mesmo sabendo das dificuldades em se priorizar uma única escala em suas estratégias de reivindicação. Daí a importância de discutirmos, hoje, "conceitos híbridos" como os de território-rede e rede regional.

Metafórica ou literalmente, nunca se falou tanto em "território", "região", "lugar"... O espaço está na ordem do dia. Um exercício como o que encerra estas digressões, tentando sistematizar, didaticamente, distintos conceitos centrais do discurso geográfico, ajuda a elucidar um pouco o emaranhado de dúvidas, mas, sobretudo, estimula a seguir o debate em torno dos cruzamentos entre as categorias e/ou conceitos pretensamente "puros" de que dispomos para entender a diversidade espacial da sociedade.

## Quadro 5

*CONCEITOS BÁSICOS DA GEOGRAFIA: UMA PROPOSTA DE SISTEMATIZAÇÃO*

| CONCEITO | Corrente teórica da Geografia em que foi/é majoritário | Caráter predominante: objetivo ou subjetivo | Dimensão do espaço geográfico privilegiada | Escalas priorizadas | Enfoque nas relações sociedade-natureza | Predomínio da lógica zonal ou da lógica reticular | Ênfase aos processos/dinâmica/fluxos |
|---|---|---|---|---|---|---|---|
| **Território** | Geografia crítica (Sack, Raffestin) | Mais objetivo | Política | Diversas (mais típica: nacional) | Fraco | Lógica zonal | Médio |
| **Rede** | Geografia neopositivista; Geo. Crítica marxista | Mais objetivo | Econômica (redes técnicas), mas há também redes culturais | Diversas (mais comum hoje: global) | Quase inexistente | Lógica reticular | Forte |
| **Lugar** | Geografia humanista (Relph, Fu-Tuan) | Mais subjetivo | Cultural | Local (às vezes se confunde esta escala com o conceito) | Fraco | Lógica zonal (pontual) | Fraco ("pausa" para Fu-Tuan) |
| **Paisagem** | Geografia clássica (Sauer) e humanista (Berque, Cosgrove) | Mais subjetivo (Geo. Humanista) Mais obejtivo (Geo. Clássica) | Cultural | Local/"regional" (Geo. clássica) | Médio (forte na Geo. Clássica) | Lógica zonal | Fraco |
| **Região** | Várias correntes, hegemônico na Geo. Clássica (La Blache, Hartshorne) | Mais objetivo (mais subjetivo para Frémont) | Diversas (inclusive a natural) | "Regional" (às vezes define uma "mesoescala" de análise) | Médio (forte na Geo. Clássica) | Lógica zonal (reticular na região funcional) | Médio (depende da corrente) |
| **Meio Ambiente** | Geografia física em várias correntes Geografia cultural (Berque) | Mais objetivo | Natural | Diversas | Forte, às vezes fraco no sentido da sociedade | Lógica zonal | Fraco (dependendo da corrente) |

# TERRITÓRIO, POESIA E IDENTIDADE*

> A linguagem do geógrafo se torna sem esforço aquela do poeta [...]. O rigor da ciência nada perde ao confiar sua mensagem a um observador que sabe admirar, escolher a imagem justa, luminosa [...]. Uma visão puramente científica do mundo poderia muito bem designar, como nos indica Paul Ricœur, um "refúgio quando estou cansado de desejar e que a audácia e o perigo de ser livre me pesam" (DARDEL, 1952).

> Espaço, projeção, ideograma. [...] ao imaginar o poema como uma configuração de signos sobre um espaço animado, não penso na página do livro: penso nas Ilhas dos Açores vistas como um arquipélago de chamas em uma noite de 1938, nas tendas negras dos nômades e nos vales do Afeganistão, [...] na lua que se multiplica e se anula e desaparece e reaparece sobre o seio gotejante da índia após as monções (PAZ, 1956).

Em 1990, comecei a reunir material num pequeno dossiê que denominei "Pela liberdade criadora: Geografia e linguagem poética". Julgando-o muito ousado numa época em que ainda vivíamos os resquícios de mais uma das fases do pensamento geográfico caracterizada pela busca de um estatuto científico para a disciplina (desta vez marcada, sobretudo, pela lógica dialética), e temendo cair no extremo oposto, o de um irracionalismo do qual muitos dos chamados pós-modernistas vinham sendo acusados, guardei no fundo do baú aquela história de misturar um lado poético (com alguns poemas publicados ainda na adolescência) e a paixão pela geografia (com minúscula, pouco importa...).

Mas a poesia aqui e ali acabava sempre aflorando: Neruda e sua *Geografía Infructuosa*, "vestido de água" e "cercando territórios com a força de plumagens", abriu minha dissertação de mestrado (depois livro, *RS: Latifúndio e identidade Regional* [1988]), e em "China: entre o Oriente e o Ocidente" (1994), a riquíssima e algo transcendente experiência com o espaço tibetano me levou mais longe: transcrevi num poema aquele território "dilacerado em pedaços / de misérias que não se separam nunca / transfigurados pelos deuses" (p. 61).

---

* Este capitulo é resultado de trabalho apresentado no I Seminário Geografia e Arte (29 e 30/11/95), na mesa-redonda "Geografia: Ciência ou Arte?", promovido pela Associação dos Geógrafos Brasileiros Seção Niterói, e publicado sob a forma de artigo em *Espaço e Cultura* n. 3, Rio de Janeiro EdUERJ, p. 20 a 32, 1996.

Augustin Berque, professor durante a "bolsa sanduíche", realizada na França em 1992, abriu-me ainda mais os olhos para a possibilidade, enfim, de tentar superar a separação entre sensibilidade e razão, poesia e ciência, que uma modernidade ocidental acabou dicotomizando. Ele não só se propõe a reunir estes fragmentos como, sobretudo enquanto geógrafo, pretende fundir novamente sociedade e natureza, numa *trajéction* em que o meio ou *milieu* (relação ao mesmo tempo física e sensível com o espaço e com a natureza), historicamente produzido, combina de forma ambivalente "o subjetivo e o objetivo, o físico e o fenomênico, o ecológico e o simbólico" (BERQUE, 1990, p. 48).

O meio envolve, assim, uma dimensão física, o *environnement* (ambiente) e a *paisagem*, sua dimensão sensível e simbólica. Para definir o "sentido do meio", Berque (1985, p. 32) desenvolve o conceito de *médiance*. Permeada por essa dupla dimensão, o meio:

> [...] não existe senão na medida em que ele é experimentado, interpretado e organizado por uma sociedade: mas onde também, inversamente, esta parte do social é constantemente traduzida em efeitos materiais que se combinam com os fatos naturais. Todos esses efeitos vão em um determinado sentido que é a evolução objetiva do meio em questão; mas isto justamente na medida em que eles são, também, percebidos e representados em um determinado sentido pela sociedade; tais sentidos, então, atuam de maneira meio-subjetiva meio-objetiva nesta evolução.

Assim, em minha tese de doutorado (HAESBAERT, 1995a, 1997), resolvi realizar algumas tentativas, não sei se bem-sucedidas, de recuperar um pouco velhas tradições geográficas que aliavam a sensibilidade artística/paisagística do geógrafo, sua intuição e sua capacidade de reflexão crítica sobre a realidade. Acabei utilizando poesias (músicas gauchescas, poemas baianos) e desenhos para retratar, com a minha visão e a dos que efetivamente vivenciavam os processos em curso, a geografia des-re-territorializadora resultante do encontro entre sulistas e nordestinos. Voltarei ao tema mais à frente, a título de exemplificação para uma discussão um pouco mais ampla e aprofundada.

Falar sobre poesia e identidade com o território é falar, portanto, antes de mais nada, da dicotomia fundada pelo mundo moderno entre Ciência e Arte, Razão e Sensibilidade, e que explodiu nos anos 1980 sob o signo do debate entre modernidade e pós-modernidade. Referindo-nos às discussões feitas nos capítulos anteriores, ressaltaríamos apenas que não se trata mais de vincular os "modernos" ao mundo da razão e do Iluminismo e os "pós-modernos" ao mundo da emoção e do Romantismo. Para se ter uma ideia do grau de controvérsia das interpretações, enquanto autores como Castoriadis (1990) denominam o pós-modernismo uma "época de conformismo generalizado", outros o entendem numa perspectiva essencialmente crítica (YUDICE, 1990). A verdade é que a modernidade "realmente existente" (outros preferem o termo "modernização"), fomentada e construída pelo capitalismo, foi/é um pouco como o socialismo: um projeto abortado – e abortado, sobretudo, porque foi/é ocidental-etnocêntrica (a tecnologia e a razão instrumental superando todos os constrangimentos da natureza) e porque sobrevalorizou a razão e a re-produção em detrimento da sensibilidade e da criatividade humana.

Falar em criatividade humana é falar em *Arte*. Mas, como não somos artistas, e os próprios artistas estão sempre vivendo alguma crise em termos da definição do que é Arte, iremos nos contentar com algumas definições muito simples e genéricas. Começamos por lembrar que, por incrível que pareça, Arte vem do latim *ars*, talento, saber fazer, que inicialmente era associado com técnica, ou seja, ao que é feito pelo homem, ao *artificial*. Ora, mas este "artifício" ou criação comporta, segundo a edição atualizada do *Vocabulário técnico e crítico da Filosofia*, de André Lalande (1993), "dois sentidos simetricamente inversos": pode estar subordinado "aos nossos fins práticos" ou "nos subordina a fins ideais e satisfaz [...] as atividades não utilitárias".[1] O Dicionário Aurélio, por sua vez, define arte como a "atividade que supõe a criação de sensações ou estados de espírito, de caráter estético, carre-

[1] "[...] de onde, por hibridação destas características primitivas da arte, o aspecto mágico, supersticioso, idolátrico que ela tomou nos próprios inícios da Humanidade; de onde o devotamento, a devoção do artista à sua obra; de onde o culto místico pela arte nos mais civilizados". (Maurice Blondel) "Talvez não caiba procurar como a arte tomou um aspecto mágico e pseudorreligioso, se se refletir que a religião, sob todas as suas formas, é uma das fontes, e talvez a principal fonte, da obra estética. 'Todas as artes', dizia Lamennais, 'saíram do templo'. [...]" (LALANDE, 1993, p. 89, nota).

gados de vivência pessoal e profunda, podendo suscitar em outrem o desejo de prolongamento ou renovação" (FERREIRA, 1986, p. 176).

Poderíamos afirmar que no mundo moderno a arte deixou de ser técnica, e vice-versa. Filósofos como Habermas (1981) enfatizam a dissociação que a modernidade criou entre ciência (conhecimento objetivo, a "verdade"), moral (mundo social das normas, justiça) e arte (valorização estética, mundo subjetivo das vivências e emoções). O verdadeiro, o justo e o belo não mais coincidem num mesmo conjunto, amalgamado, por exemplo, pela dimensão do sagrado, da religião, como ocorria nas sociedades tradicionais ou holísticas. Para Octavio Paz (1982, p. 327-328):

> [...] ao extirpar a noção de divindade o racionalismo reduz o homem. Liberta-nos de Deus mas nos encerra num sistema ainda mais férreo. A imaginação humilhada se vinga e do cadáver de Deus brotam fetiches atrozes: na Rússia e em outros países, a divinização do chefe, o culto à letra das escrituras, a deificação do partido; entre nós, a idolatria do próprio eu. Ser si mesmo é condenar-se à mutilação, pois o homem é apetite perpétuo de ser outro. A idolatria do eu conduz à idolatria da propriedade; o verdadeiro Deus da sociedade cristã ocidental chama-se domínio sobre os outros. Concebe o mundo e os homens como minhas propriedades, minhas coisas. O árido mundo atual, o inferno circular, é o espelho do homem cerceado em sua faculdade poetizadora. Fechou-se todo contato com os vastos territórios da realidade que se recusam à medida e à quantidade, como tudo aquilo que é qualidade pura, irredutível a gênero e espécie: a própria substância da vida.

É nessa esfera da arte e do estético que se inscreve, como uma de suas expressões, a *poesia*. Enquanto no senso comum geralmente se reduz o sentido de poesia ao primeiro significado proposto no Dicionário Aurélio, a "arte de escrever em verso", ela, na verdade, transcende em muito este significado e pode mesmo ser utilizada como sinônimo de estética, ou seja, aquilo que é relativo ao belo. Por isso preferimos, ainda utilizando o Aurélio, tratar poesia como "entusiasmo criador, inspiração" e/ou como "aquilo que desperta o sentimento do belo".

Sinônimo de emoção e ritmo, a poesia geralmente rompe com a linearidade e a funcionalidade promovidas pelo mundo moderno capitalista, onde a "forma deve seguir a função", e difunde o lúdico, o poder criador e a liberdade da imaginação. Apenas por isso a poesia já seria revolucionária. A poesia, diz Octavio Paz (1982, p. 15),

> é conhecimento, salvação, poder, abandono. Operação capaz de transformar o mundo, a atividade poética é revolucionária por natureza; exercício espiritual, é um método de libertação interior. A poesia revela este mundo; cria outro.

Num mundo moldado pelo utilitarismo e pela ética mercantil, o trabalho, ao mesmo tempo social(capitalística) mente sobrevalorizado e fonte de alienação,[2] destrói toda a iniciativa da "arte-tesão": o artesão que ao mesmo tempo produz valor de uso e/ou de troca e valor simbólico, valor estético onde pode de alguma forma se realizar afetiva e emocionalmente, responsável que se sente pela totalidade da obra produzida. Como afirmou Octavio Paz (1982, p. 283, 296-297):

> [...] a poesia não existe para a burguesia nem para as massas contemporâneas. O exercício da poesia pode ser uma distração ou uma enfermidade, nunca uma profissão: o poeta não trabalha nem produz. Por isso os poemas não valem nada: não são produtos suscetíveis de intercâmbio mercantil. O esforço que se gasta em sua criação não pode ser reduzido ao valor trabalho. [...] Como a poesia não é algo que possa ingressar no intercâmbio de bens mercantis, não é realmente um valor. E se não é um valor, não tem existência real dentro do nosso mundo. Para o burguês, a poesia é uma distração [...] ou é uma atividade perigosa; e o poeta um *clown* inofensivo [...] ou um louco e um criminoso em potencial. A inspiração é embuste ou enfermidade [...] Ao se reduzir o mundo aos dados da consciência e todas as obras ao valor trabalho-mercadoria, automaticamente expulsou-se da esfera da realidade o poeta e suas obras.

A poesia tem um caráter duplamente "revolucionário": primeiro porque vai contra o mundo-mercadoria que cada vez mais domina a face do planeta, e seu caráter lúdico torna-se transgressor: ela não pertence à lógica e ao mundo da compra-e-venda. A poesia é gratuita, "não tem finalidade", sua utilidade é sua in-utilidade: mostrar ao mundo da produção e do consumo sua contra-face, oculta, sufocada – o mundo da imaginação e da sensibilidade, "incontrolável" mundo dos sentidos do qual a razão nunca vai tomar posse. Como disseram grandes poetas e escritores que sofreram nas prisões, a única

---

[2] O trabalho, único deus moderno, deixou de ser criador. O trabalho sem fim, infinito, corresponde à vida sem finalidade da sociedade moderna" (Paz, 1984, p. 184).

coisa que nunca pode ser aprisionada é a imaginação. E a imaginação pode nos proporcionar a poesia mais profunda, as viagens mais alucinantes; mesmo na clausura mais recôndita do mundo. Uma tribo canadense em perigo de extinção afirmou certa vez que, apesar de tudo, nunca poderiam roubar-lhes seus sentimentos, "sua alma".

Amamos e sofremos, e podemos, pelo menos na imaginação, expressar todos os sentimentos e todos os espaços do mundo. Essa "liberdade criadora" e este caráter lírico da poesia, onde o brotar das paixões que nela se expressam assusta e transgride as fronteiras da racionalidade do técnico e do empresário é, neste sentido, "revolucionário":

> [...] exaltar o amor significa uma provocação, um desafio ao mundo moderno, pois é algo que escapa à análise e que constitui uma exceção inclassificável. [...] O sonho, a divagação, o jogo dos ritmos, a fantasia, também são experiências que alteram sem possível compensação a economia do espírito e turvam o discernimento.

Para Octavio Paz, "todas as atividades verbais [...] são susceptíveis de mudar de signo e se transformar em poemas". A abertura para múltiplas significações é própria do discurso simbólico que caracteriza o poema. Como se sabe, os signos, representações ou substitutos da realidade concreta, podem se estender desde o extremo de uma reprodução direta e "literal" das coisas e fenômenos, como palavras que tenham apenas um sentido, diretamente vinculado a uma "realidade", até a pura invenção (o "imaginário radical" a que se refere Castoriadis), com um significado abstrato e subjetivo que pertence ao reino dos sonhos e/ou da imaginação e que, por ausência de um código padronizado, está aberto a todo tipo de interpretação, sugerindo as mais diversas imagens.

Admitimos o *símbolo* posicionado a um meio caminho: seu significado não pode ser nem totalmente fechado, lógico e objetivo, nem totalmente aberto, sem referência a uma realidade concreta. Como bem expressa Castoriadis (1982), ao mesmo tempo em que "determina aspectos da vida em sociedade", o simbolismo está "cheio de interstícios e de graus de liberdade":

> A "escolha" de um símbolo não é nunca nem absolutamente inevitável, nem puramente aleatória. Um símbolo nem se impõe

> como uma necessidade natural, nem pode privar-se em seu teor de toda referência ao real (somente em alguns ramos da matemática se poderia tentar encontrar símbolos totalmente "convencionais" – mas uma convenção que valeu durante algum tempo deixa de ser pura convenção). Enfim, nada permite determinar as fronteiras do simbólico. O simbolismo pressupõe a capacidade imaginária, pois pressupõe a capacidade de ver em uma coisa o que ela não é, de vê-la diferente do que é. [...] Na medida em que o imaginário se reduz finalmente à faculdade originária de pôr ou de dar-se, sob a forma de representação, uma coisa e uma relação que não são (que não são dadas na percepção ou nunca o foram), falaremos de um imaginário último ou radical, como raiz comum do imaginário efetivo e do simbólico (CASTORIADIS, 1982, p. 144, 154).

Como a escolha de um símbolo não pode privar-se de toda a referência ao "real", podemos associar essas reflexões ao nosso campo, a Geografia, e lembrar que muitos espaços expressam muito mais do que a manifestação concreta de seus prédios, estradas e montanhas. Neles há "espaços" ou, se preferirem, territórios (enquanto espaços concreta e/ou simbolicamente dominados/apropriados) de um caráter particular, especial, cuja significação extrapola em muito seus limites físicos e sua utilização material. É o que autores como Poche (1983) denominam "espaços de referência identitária", a partir dos quais se cria uma leitura simbólica, que pode ser sagrada, poética ou simplesmente folclórica, mas que, de qualquer forma, emana uma apropriação estética específica, capaz de fortalecer uma identidade coletiva que, neste caso, é também uma identidade territorial.

Assim se formam ou se forjam identidades locais, regionais, nacionais etc. fortalecidas não apenas pelos territórios "de naturalidade", em seu sentido concreto, mas também por territórios simbólicos, como a Campanha Gaúcha (e, mais especificamente, a estância ou o latifúndio de pecuária extensiva) para a formação da identidade gaúcha, e o Sertão nordestino para a identidade nordestina (pelo menos no decorrer deste século, quando suplantou a "Zona da Mata" e a vida do engenho). Imaginem quantos estereótipos estas identidades regionais não difundem e quantos deles não se encontram em nossas cabeças, ainda que não tenhamos plena consciência disso. Romances como *O gaúcho*, de José de Alencar, e *Os sertões*, de Euclides da Cunha, estão eivados de identificações estereotipadas e muitas vezes idealizadas sobre gaúchos e sertanejos, um moldado principalmente pela exuberância e as amenidades do Pampa, outro pela rusticidade e pelas agruras do sertão semiárido.

Imaginem agora estes dois grupos, estas duas identidades regionais, se encontrando em pleno sertão baiano, sul do Piauí e sul do Maranhão. A poesia de Clerbet Luiz, poeta de Barreiras, Bahia, pode-nos dizer mais do que nossas palavras diriam:

> Quem engorda a natureza
> magra e são-franciscana
> por favor me sirva a mesa
> farta de soja e de cana
> não mastigue nosso irmão
> que tem osso e bolso fraco
> não o coma no churrasco
> nem o beba no chimarrão.
>
> Quem descobre que a beleza
> é posseira nesta zona
> sabe que ela é camponesa
> e por ela se esgana
> são escravos da riqueza
> presos entre grades de cana
> vêm comprar nossa lerdeza
> com o poder de sua grana.
>
> (Clerbet Luiz, "Banquete", *Rodeios e Interiores*)

Embora entre os sulistas também existam classes expropriadas, predomina a visão do gaúcho, difundida até por alguns representantes dessas classes de despossuídos, descendentes de alemães e italianos, como o mais trabalhador, o mais politizado, o mais empreendedor etc. Se, como disse Boaventura dos Santos (1995, p. 135), as "identidades são identificações em curso", [...] "plurais", elas são também "dominadas pela obsessão da diferença e pela hierarquia das distinções" e é contra elas que devemos nos insurgir. Como afirmei em um artigo no jornal *Tribuna da Bahia*:

> [...] é preciso superar os estereótipos do sulista aventureiro, desbravador a qualquer custo, e do baiano, preguiçoso e festeiro. Da ousadia e da racionalidade "moderna" de alguns sulistas e da resistência e da sensibilidade "tradicionais" de muitos baianos pode nascer um amálgama, inédito no país, ao entrecruzar culturas [e identidades] tão ricas e distintas – onde se mostre ao mesmo tempo a disciplina e o amor ao trabalho (contra a

> exploração e a usura) e o gosto pela vida, num ritmo que não massacre o homem nem o reduza à mera condição de máquina (re)produtora (HAESBAERT, 1991, p. 4).

Para manter e mesmo fortalecer os traços identitários do gauchismo (que se reforçam frente à alteridade baiana), difundem-se os Centros de Tradições Gaúchas que hoje acompanham os sulistas em toda a sua rede migratória pelo interior do país. Nestes clubes preserva-se o folclore e divulga-se o "nativismo", uma ligação com um território de origem com o qual muitos nunca tiveram contato, pois a maioria dos descendentes de imigrantes italianos e alemães, agricultores e empresários, permaneceu na Colônia ou Serra Gaúcha, antiga zona de florestas, separados dos "brasileiros" pecuaristas da Campanha (ver estes contrastes em determinados momentos do filme *O quatrilho*), ou migraram para as cidades. Um dos instrumentos mais eficazes para reforçar os mitos do gauchismo (cujas raízes podem ser encontradas nas guerras de fronteira e na Revolução Farroupilha [1835-45]) está na música popular (ou "popularesca"), como nestes versos de um dos cantores mais populares do Sul, Mano Lima, que meu pai, por exemplo, não cansa de escutar:

> Eu fui nascido neste torrão brasileiro
> mas minha pátria
> eu lhe garanto é o Rio Grande
> sou gaúcho, veja bem que isso é uma raça
> por qualquer lugar que eu ande
> se por acaso um dia a morte me vier
> um companheiro que puder me faça
> cruzar o Butuí pois toda fruta
> não fica longe do pé
> me levem pro Mbororé
> e me plantem de novo ali.

O "poeta" estaria de tal forma vinculado à terra, e especialmente à "pátria gaúcha", que, mesmo após a morte, deseja nela ser "plantado". É o que muitos tradicionalistas gaúchos denominam *telurismo*, o apego à terra e à sua paisagem. Por mais críticos que sejamos com relação a esse tipo de apologia da "pátria", é inegável que ela mantém laços de solidariedade e estimula a vivência comunitária: uma "roda de chimarrão" ao redor de um "fogo de chão", por exemplo, ainda que regada de "causes", poemas e estórias míticas, é um momento lúdico em que o homem de alguma forma revive um ritual de confraternização com seus semelhantes e utiliza a liberdade de uma imaginação que preenche o vazio e a solidão deixados, muitas vezes, pelo árduo trabalho cotidiano.

Fischer, utilizando a distinção feita por Arnold Hauser em *Sociología del público* (Barcelona: Labor, 1977) entre arte popular, arte sublime e arte de massa (ou popularesca), afirma que a arte sublime, ou simplesmente a "arte", se distingue da arte popularesca porque

> investe na reelaboração dos dados oferecidos pelo imaginário e pela tradição não na direção de glorificar o passado [...], nem no sentido de endeusar os heróis convenientes ou de amortecer as consciências; labora para expressar um ponto de vista humano, fragilmente humano, interessado em especular sobre coisas radicais como o sentido da *vida*, e não em elogiar o que quer que seja, principalmente os narcisismos, a que tanto se tem afeiçoado a gauchesca tradicional, na poesia e na canção (1992, p.107).

A mesma poesia/música que serve para enaltecer o "pago" e a "querência" tal qual estão estruturados, ou seja, com a desigualdade socioespacial que contrapõe sem-terras e grandes latifundiários, pode ser utilizada para satirizar, ironizar, criticar essa situação. A rápida proliferação de eventos musicais "nativistas" por todo o Rio Grande do Sul, acompanhando a abertura política e o refortalecimento da identidade gaúcha a partir do final dos anos 1970, evidenciou logo as múltiplas virtualidades e facções dentro do movimento regionalista.

Tomando por base as várias poesias e letras de canções analisadas por Fischer (1992), podemos perceber essa dupla face com que a identidade territorial/regional gaúcha vai sendo (re)construída ao longo do tempo. No final do século passado, por exemplo, a sociedade "Partenon Literário" (1868-1885), cuja figura mais destacada foi a do romancista e poeta Apolinário Porto Alegre, teria sido fundamental para a criação de uma identidade gaúcha através do fortalecimento de um regionalismo literário, em geral romântico e ufanista. Muitas poesias acabaram se tornando relativamente populares, propagando ideais de igualdade ("identidade") entre patrões, estancieiros, e seus peões, empregados, numa visão ao mesmo tempo idealizada e naturalista (o gaúcho visto em grande parte como "produto do Pampa", como já evidenciara claramente José de Alencar em seu romance *O gaúcho*, de 1870).

Mesmo questionando o "resultado poético" dessas obras, Fischer (1992, p. 23, 25-26) reproduz algumas poesias que primam pelo ufanismo regionalista:

> Aqui sou rei. Se lanço a fronte dos céus
> Tenho por teto o azul da imensidade;
> Se desço logo, vejo a soledade,
> O pampa a desdobrar em escarcéus.
>
> .....................................................
>
> Meu companheiro és tu, meu corcel!
> Se escutas o clarim,– eis-me a teu lado;
> Aos ventos dizes tu, desassombrado:
> – Parem! Que o deserto oiça o meu tropel!
>
> (*O gaúcho,* de Apolinário Porto Alegre)
>
> Na minha terra, lá... quando
> O luar banha o potreiro,
> Passa cantando o tropeiro,
> Cantando... sempre cantando...
>
> Depois, descobre-se o bando
> Do gado que muge adiante,
> E um cão ladra bem distante...
> Lá... bem distante, na serra!
> – Nunca foste à minha terra?
>
> (*Lá...*, de Lobo da Costa)

Hoje, ao lado dos "tradicionalistas", mais conservadores e muito bem representados na maioria dos Centros de Tradições Gaúchas, aparecem os "nativistas", que "não aceitam o controle do Movimento Tradicionalista Gaúcho, a cujos membros eles apelidaram de 'aiatolás da tradição', acusando-os de [...] 'patrulhamento folclórico'" (OLIVEN, 1993, p. 405). No oeste baiano, os "xiitas" do gauchismo são tratados como "bombachistas" (por sempre usarem bombachas, muito representativas na identificação do gaúcho). A leitura poética do gauchismo alcança assim, hoje, todas as versões possíveis: a lírico-romântica, ainda ufanista em torno de uma "terra pampeana" cada vez mais distante da realidade vivida; a crítica, levantando temas como a reforma agrária e denunciando a miséria e o racismo; e a irônica, brincando com os mitos criados em torno da figura heroica e nobre do gaúcho.

Para exemplificar, fica evidente uma linha crítica no olhar para com os despossuídos em "Ladainha dos tempos idos", de Dilan Camargo (apud FISCHER, 1992, p. 117):

Churrasco e chimarrão são tempos idos?
Expulsos dos campos mal divididos
emigram colonos seduzidos
para novos paraísos prometidos;
índios, povo de banidos
vagueiam doentes, perseguidos
enquanto meninos ricos, entorpecidos
matam, ferem, não são punidos
nestes amargos tempos vividos.

A presença do negro, tão importante na formação da sociedade sulina (CARDOSO, 1977), mas renegada pela maior parte do tradicionalismo, inclusive numa visão racista, quando da criação de CTGs para negros (até há pouco tempo a distinção entre "clubes para brancos" e "clubes para negros" no interior do Rio Grande do Sul era tida como norma), é retomada pelo poeta Oliveira Silveira em "Terra de negros":

Terra de estância
charqueada grande
negro se salgando
          terra quilombo
          choça e mocambo
          negro lutando
          e resistindo se libertando
......................
terra favela
morro e miséria
e o negro nela
          (breque) até quando?

Para finalizar, a visão irônica, em geral muito mal recebida – e talvez por isso muito pouco frequente na leitura do gauchismo –, nas palavras de Fischer (1992, p. 110):

> Caso mais raro, às vezes a gauchidade é tratada com ironia. Há alguns anos, Kleiton e Kledir foram ao sucesso nacional com "Maria Fumaça", canção que enfoca com ar brincalhão várias caras-feias do patrimônio rio-grandense: numa melodia nada taciturna, de ritmo sacudido, um noivo reclama da lentidão do trem que o leva até Pedro Osório, onde vai casar com a filha de um fazendeiro. Lá pelas tantas, ele relembra:
> No dia alegre do meu noivado
> Pedi a mão todo emocionado.
> A mãe da noiva me garantiu:
> – É virgem só que morou no Rio.

O pai falou: – É carne de primeira,
Mas se abre a boca só sai besteira.
Eu disse: – Fico com essa guria,
Só quero mesmo pra tirar cria.[3]

Embora reduzida por alguns a mero instrumento de denúncia, e por outros, a simples enaltecimento do narcisismo individual, regional ou nacionalista, a dimensão poética extrapola em muito estas visões simplistas. Para o poeta irlandês Seamus Heaney (1995, p. 36, grifo nosso), prêmio Nobel de Literatura em 1995, a poesia é, sobretudo, liberdade de sentimentos e imaginação:

> A ficção poética e o sonho de mundos diferentes nutrem os governos e os revolucionários. *Exceto que governos e revolucionários forçam a sociedade a adaptar-se às formas de sua imaginação enquanto que habitualmente os poetas se dedicam sobretudo a fazer malabarismos com seus próprios sentimentos – e os de seus leitores –, com aquilo que é possível, desejável ou mesmo concebível.* A nobreza da poesia, dizia Wallace Stevens, é que ela "é uma violência do interior que nos protege de uma violência do exterior". É a imaginação rechaçando as pressões da realidade.

A realidade do homem moderno é recheada de solidão, individualismo e de uma lógica mercantil-consumista que sufoca cada vez mais o seu lado poético, a sua imaginação criadora. Solitário e egocêntrico como nunca, o homem moderno perdeu, assim, o sentido do comunitário, do solidário, do fraterno. E quando o busca, o faz sem critério, acriticamente, através de identidades as mais disparatadas e nas mais diversas escalas (fundamentalismos religiosos, gangues neonazistas, máfias ilegais, extremismos nacionalistas). Quando estas identidades são elaboradas ou se reforçam através de um território, ou seja, de um espaço "sob controle", delimitado e dominado (além de simbolicamente apropriado), surgem fronteiras que, na defesa de uma alteridade negada ou quase inteiramente cooptada pelo capitalismo e a modernização tecnológica da sociedade de consumo, impedem qualquer diálogo e, às vezes, até mesmo o contato com o outro. Tratado como mero número de uma massa, ou narcisisticamente encerrado em seu casulo pretensamente "autêntico", o homem

[3] Kleiton e Kledir jogam aqui tanto com as marcas do gauchismo (o machismo da "carne de primeira" e do "só quero mesmo pra tirar cria") quanto com um estereótipo identitário externo, o do carioca ("é virgem só que morou no Rio").

se desterritorializa, se desqualifica e perde, inclusive, sua identidade com a natureza, alimento maior para a recriação simbólico-poética do/com o mundo.

> O sentimento de solidão, nostalgia de um corpo do qual fomos arrancados, é nostalgia de espaço. Segundo uma concepção muito antiga e encontrada em quase todos os povos, este espaço não é senão o centro do mundo, o "umbigo" do universo. Às vezes, o paraíso se identifica com este lugar e ambos, com o local de origem, mítico ou real, do grupo. Entre os astecas, os mortos regressavam a Mictlán, lugar situado ao norte, de onde tinham emigrado. Quase todos os ritos de fundação, de cidades ou de moradas aludem à busca deste centro sagrado do qual fomos expulsos. Os grandes santuários – Roma, Jerusalém, Meca – encontram-se no centro do mundo ou o simbolizam e prefiguram. As peregrinações a estes santuários são repetições rituais do que cada povo fez num passado mítico, antes de estabelecer-se na terra prometida. O costume de dar uma volta ao redor da casa ou da cidade [no caso dos tibetanos, do monastério ou do "chorten"], antes de transpor suas portas, tem a mesma origem (PAZ, 1984, p. 187-188).

O mundo contemporâneo perdeu seu(s) centro(s) e nossos espaços de referência identitária se tornaram fluidos, desconectados, ou simplesmente desapareceram. Onde encontrá-los quando os muros do Kremlin e do Pentágono não representam mais do que o poder de um grupo seleto, a corrupção e o gerenciamento da guerra? Já desde o racionalismo Iluminista havíamos sido "expulsos do centro do mundo" e "condenados a procurá-lo por selvas e desertos subterrâneos", como no mito do Labirinto (PAZ, 1984, p.188). Muitos buscam, num retorno à natureza e ao esoterismo, o encontro de um novo "centro do mundo" (vide a "força" de espaços tidos como "de emanação espiritual", como Visconde de Mauá e Lumiar, no Rio de Janeiro; São Tomé das Letras, em Minas Gerais; e o Vale do Amanhecer em Brasília). Dicotomizamos História e Mito, Ciência e Poesia. Estamos pagando o preço sob a turbulência e a fragmentação de um "pós-modernismo" muitas vezes reacionário e unilateralmente mítico-poético.

Precisamos restaurar a interpretação poética na Geografia (como a História, às vezes com certo exagero, há muito vem retomando). Dardel (1990), considerado um dos precursores da Geografia Humanística, já sugeria que a Terra era como um livro a decifrar – seja como uma obra científica, eu diria, seja como um romance ou um poema. Porque cada cultura, cada grupo e às vezes até mesmo cada indivíduo preenche seu espaço não apenas com um conjunto de instrumentos e "utilitários", mas também de emoção e de sensibilidade. Como disse Dardel, uma profunda e misteriosa *geograficidade* se desenha entre o homem e a Terra. Decifrá-la apenas com os instrumentos da razão, da objetividade e da crítica, apesar de imprescindível, nunca será, contudo, suficiente. Ou, como se expressou mais recentemente Armand Frémont (1980, p.262):

> É uma nova geografia que há que inventar, rompendo ainda divisórias entre disciplinas, com geógrafos abertos à literatura e à arte e homens de letras a par da geografia. As especializações atuais progridem muito pouco neste sentido. Em última análise, a pedagogia do espaço deve ser criativa.[...] sobretudo quando se impõe como objetivo a elaboração de documentos de síntese que fazem apelo a uma certa imaginação, ao mesmo tempo que ao espírito de análise. Mas é preciso ir mais longe, incitar à crítica do que existe, recusar a ordem do "standard", suscitar a elaboração de projetos que deem aos lugares habitados, aos espaços de reunião, às regiões a viver, as cores e as formas, as necessidades e os sonhos das imaginações jovens.
> Descobrir o espaço, pensar o espaço, sonhar o espaço, criar o espaço... Uma pedagogia nova para um espaço vivido deve tomar em conta estas quatro exigências.

Sem cairmos numa nostalgia inócua, precisamos reler clássicos como Humboldt, Reclus e Vidal de La Blache com olhos mais abertos para a riqueza de seus discursos, de suas linguagens. Plenos de sensibilidade e razão, muitas vezes eles eram menos dicotômicos do que nós, que tanto criticamos essas dicotomias. Talvez justamente por não valorizarmos a beleza de um texto bem escrito, que ajude não apenas a explicar, mas também a compreender, e que conquiste o leitor não apenas pela razão, mas também pela sua riqueza estética, é que estamos tão distantes do grande público que, ainda assim, continua um apaixonado por novas paisagens, pelo novo desenho geopolítico do mundo, pelo ressurgimento e pelo confronto de identidades (numa época em que, mesmo com muitas áreas de acesso restrito, o turismo é a segunda maior fonte de renda do planeta). Não custa nada fazer um esforço e levar nossa mensagem para além do circuito acadêmico e universitário. Trata-se de restaurar aquilo que Paz, num sentido muito amplo de poesia, considera "a metade perdida do homem".

Ainda é uma quimera reconciliar poesia e ato, "palavra viva e palavra vivida, criação da comunidade e comunidade criadora", como diz Paz (1982, p. 309). Na utopia comunicativa de Jurgen Habermas haveria uma "situação ideal" em que os homens poderiam

> chegar a um entendimento mútuo sobre questões vinculadas ao mundo objetivo das coisas (ciência), ao mundo social das normas (moral) e ao mundo subjetivo das vivências e emoções (arte). Não seria uma fusão dos três mundos como ocorria nas sociedades tradicionais, pois qualquer volta à indiferenciação arcaica privaria o homem dos ganhos de autonomia proporcionados pela modernidade cultural, mas uma interpretação das diferentes esferas, que preservariam sua identidade, mas deixariam de ser estanques. É a utopia iluminista da vida guiada pela arte e pela ciência. É a utopia da modernidade incompleta (ROUANET, 1988, p. 227-228),

Utopias à parte, não custa, entretanto, batalhar por um mundo em que, como já afirmamos,

> rompendo com os dualismos, se assuma um projeto profundamente renovador, que nunca se pretenda acabado, que respeite a diversidade [as identidades] e assimile, ao lado da igualdade e do "bom senso", a convivência com o conflito [que só é possível frente à diferença do Outro, à alteridade] e a consequente busca permanente de novas alternativas para uma sociedade menos opressiva e condicionadora – onde efetivamente se aceite que o homem é dotado não apenas do poder de (re)produzir, mas sobretudo de criar, e que a criação é suficientemente aberta para não se restringir às determinações da razão (HAESBAERT, 1990, p.84).

O território, aí, não seria um simples instrumento de domínio político-econômico e/ou espaço público de exercício de uma (pretensa) cidadania, mas efetivamente um espaço de identificação e (re)criação do/com o mundo, a "natureza".

# O AUTOR: ENTREVISTA

## A identidade de um gaúcho, cidadão do mundo*

*ENTREVISTADOR: JOÃO RUA*

*Rogério Haesbaert* é bacharel e licenciado em Geografia pela Universidade Federal de Santa Maria, Rio Grande do Sul, cidade onde começou sua experiência docente. No início dos anos 80, veio para o Rio de Janeiro, onde defendeu sua dissertação de mestrado na Universidade Federal do Rio de Janeiro, em 1986. No Rio, trabalhou em várias escolas de ensino fundamental e médio, além do Departamento de Geografia da PUC-Rio. Doutorou-se pela USP em 1995. Atualmente, é professor do Departamento de Geografia da Universidade Federal Fluminense.

Entre suas obras principais podem ser citadas: *Espaço e sociedade no Rio Grande do Sul* (Mercado Aberto); *Rio Grande do Sul: latifúndio e identidade regional* (dissertação de mestrado, publicada pela Mercado Aberto); *Blocos internacionais de poder* (Contexto); *Des-territorialização e identidade: a rede 'gaúcha' no Nordeste* (tese de doutorado, publicada pela EdUFF); *China: entre o Oriente e o Ocidente* (Ática); *Globalização e fragmentação no Mundo Contemporâneo* (atuou como organizador do livro e autor de dois capítulos, EdUFF).

São muitos e diversos os artigos que publicou e vão desde temas como a modernidade e a pós-modernidade até festas gaúchas no Nordeste. Atualmente, além de orientar diversas pesquisas na área de Geografia Regional, dedica-se ao estudo da presença e da influência dos brasileiros (especialmente gaúchos) além-fronteiras, particularmente nos países do Mercosul. Rogério Haesbaert se inscreve como um dos mais talentosos geógrafos de sua geração, tanto pela seriedade de seu trabalho como pela originalidade das temáticas que, prioritariamente, vem abraçando.

---

* Versão resumida de entrevista conduzida por João Rua. realizada em outubro de 1998 e publicada na Revista *GEOUERJ*, nº 4, Rio de Janeiro: UERJ, Departamento de Geografia, jul.-dez. 1998, p. 96-103.

*Como é de praxe, começamos nossa entrevista com aspectos bastante pessoais. Fale-nos de sua trajetória de vida – lugar de nascimento, origem familiar, infância...*

Nasci em São Pedro do Sul, (...) Rio Grande do Sul, entre a área da Campanha – onde meu pai, descendente de portugueses, trabalhava em lavouras de arroz – e a Serra, ou Colônia, onde vivia a família de minha mãe, de pequenos produtores rurais, descendente de alemães. O casamento deles foi um pouco como a integração, nem sempre fácil, do gaúcho luso-brasileiro da Campanha e do colono ítalo-germânico da Serra. Com a diferença de que meu pai nunca foi latifundiário, muito pelo contrário, por muito tempo foi o que hoje se denominaria sem-terra. Já a família de minha mãe representou a típica divisão do minifúndio: meu avô tinha que dividir 30 hectares entre 11 filhos. (...) meu tataravô tinha sido o "primeiro pastor alemão" (protestante!) na fundação de Novo Hamburgo, em 1824. Essa herança imigrante, ou melhor, itinerante, parece que marcou toda a minha família, numa mobilidade atroz em busca de trabalho. Somente meus pais mudaram de residência 20 vezes em 25 anos, do urbano para o rural, e vice-versa, da agricultura e da pecuária para o pequeno comércio, os serviços. Eu mesmo cheguei a trabalhar cedo, aos dez anos, como revisteiro – vendendo revistas de porta em porta, depois como leiteiro, na carroça ajudando meu pai, depois "auxiliar de empacotador numa loja de tecidos. (...) Minha infância foi entre os livros (os poucos a que tinha acesso), a igreja (queria ser padre, para muitos a única saída para conseguir estudar – no seminário, e ir para uma cidade maior – a sede da diocese era em Bagé) e o campo (embora, para a tristeza do meu pai, do rural eu só me identificava mesmo era com a paisagem). (...)

*Como percebeu a sua vocação para a Geografia? Como começou a se encaminhar para este campo de estudos?*

Acho que esta herança e esta prática migrante bastariam para explicar minha paixão, desde pequeno, pela Geografia. Aos sete anos, eu já era fascinado por mapas. (...) A vontade de conhecer outras culturas, através do espaço, da paisagem, era enorme, e eu vivia inventando estórias sobre países e culturas distantes. (...) Aos dez anos, escrevi uma espécie de almanaque mundial descrevendo todos os países do mundo. Meu primeiro professor de Geografia, na antiga 1ª série do ginásio, resolveu armar um concurso em plena praça da cidadezinha (hoje São Vicente do Sul, com uns dois mil habitantes). Durante os dias da Semana da Pátria (bem sintomática esta "geografia do patriotismo"), respondia a perguntas de Geografia feitas pelo professor, pelo padre e até pelo prefeito. Ganhei entrada grátis por dois anos no cinema da cidade, que só funcionava aos sábados, e uma enciclopédia com muitos mapas. Melhor que isto só mesmo nossa mudança para Santa Maria, cidade de 100 mil habitantes à época, e a biblioteca pública que passei a frequentar. (...) Também foi a fase dos correspondentes. Coloquei anúncio numa revista aqui do Rio e cheguei a ter mais de 30 correspondentes, inclusive do exterior, alguns meus amigos até hoje. Acabei participando de vários programas de rádio sobre Geografia, baseados no velho Aroldo de Azevedo. Ganhava uma quantia em dinheiro para gastar numa loja de roupas da cidade (...) A única profissão que pensei seguir além da de geógrafo foi a de jornalista. Aos 12/13 anos, eu fazia, manuscrito, um "Jornalzinho da Quadra" que circulava entre as casas do nosso quarteirão. Hoje vejo a realização de muitos destes sonhos quase não acreditando. Desde o Pão de Açúcar, verdadeiro mito – confesso que fiquei decepcionado quando vi que ele não era da altura que eu esperava... – quando é que eu poderia imaginar, lá naquela vida interiorana, vendo a foto da "folhinha" (calendário), que hoje eu estaria admirando um pedaço dele da minha janela? Só espero que ninguém pense com isto que sou partidário do *self-made man*, (...) neste capitalismo de cassino, onde só vencem os que têm dinheiro para apostar (ou mesmo para chegar até o cassino).

*Que influências você marcaria na sua formação geográfica (na graduação) e que leituras mais o marcaram, nessa época?*

Fazer Geografia no final dos anos 70, em plena (relativa) abertura política, no interior do Rio Grande do Sul, não era nada fácil. Antes de comentar sobre as influências em termos de autores e obras, gostaria de falar um pouco das contradições e conflitos que vivi entre uma visão crítica e outra muito conservadora. Ao mesmo tempo em que ouvia as críticas ferozes ao regime militar por rádios como a Central de Moscou (mas não podia comentar com ninguém) e recebia de meus correspondentes artigos escritos por intelectuais e políticos brasileiros no exílio, convivia na Universidade com o "pensamento único" de um movimento estudantil pelego e cheguei a ser presidente de Diretório Acadêmico, pedindo demissão assim que chegou a verba doada diretamente pelo Ministério da Educação, em Brasília – diretório acadêmico ali se tornara mero instrumento para promoção de eventos e assistencialismo estudantil. (...)

Sobre a minha formação, devo admitir que, na Geografia Física, tive bons mestres de Geomorfologia e climatologia e fui aluno de excelentes geólogos. Como monitor de Mineralogia e Petrografia, participei de um excelente trabalho de campo coletando amostras em todo o planalto catarinense. De resto, a maior parte de minha formação foi extraclasse, principalmente participando dos encontros da AGB, fundamentais na minha trajetória acadêmica. Além disso, escrevendo para o IBGE me presentearam com uma coleção de vários anos do Boletim Geográfico e da Revista Brasileira de Geografia. (...) Mas o mais importante, sem dúvida, foi a minha participação no Encontro da AGB em Fortaleza, em 1978. Nunca me esqueço, consegui dinheiro emprestado com meu avô, arranjei alojamento e estadias de meio do caminho, foram quatro dias até o Ceará. A palestra do professor Milton Santos foi um impacto. Lembro da sua indignação ao mesmo tempo contundente e emocionada, retornando ao Brasil e se confrontando com os "neopositivistas". Consegui uma cópia clandestina de uma edição portuguesa de "A Geografia serve antes de mais nada para fazer a Guerra", de Yves Lacoste, que estudantes da UFF estavam distribuindo. Foi uma verdadeira descoberta. O mais inovador que até então eu havia conhecido eram algumas propostas da "Geografia teorética", através de uma professora (Dirce, hoje presidente da AGB nacional) que fizera mestrado em Rio Claro. No final do curso foi fundamental uma disciplina dada pelos professores Aluízio Duarte (orientador à distância da minha monografia), e Luiz Bahiana, do IBGE aqui do Rio. O contato com a professora Bertha Becker, num encontro da AGB, em Caxias do Sul, também foi decisivo, pois ela me estimulou muito, vindo depois a ser minha orientadora no mestrado. Nesta época, os livros "Por uma Geografia nova" e "O espaço dividido" (que meu pai me deu como presente pela conclusão do curso), de Milton Santos, foram fundamentais. Um ano depois de formado, tentei o mestrado em São Paulo, mas como ninguém me conhecia e só havia concurso no Rio, acabei vindo para cá. Tive enormes dificuldades de adaptação, vindo direto do interior do Rio Grande do Sul, "sem escalas". Como a maioria dos brasileiros, sempre tive o maior carinho e uma certa fascinação pelo Rio de Janeiro. Os contrastes geográficos e culturais e as violentas contradições desta megacidade são um constante estímulo para repensar nossos pontos de vista e mesmo um desafio à própria imaginação. Se existe uma "imaginação geográfica" brasileira, ela com certeza tem muitas de suas raízes aqui.

*No seu ponto de vista, como se situa a Geografia no momento atual (importância do discurso, a prática do geógrafo, o mercado de trabalho...)?*

Acredito que a Geografia e as questões ligadas ao espaço geográfico (por favor, usem este nome, pois ao contrário do que muitos ainda afirmam ele não é nem apenas "espaço natural", nem apenas "espaço social") nunca tiveram tanta importância: questões ambientais, geopolíticas, geoeconômicas, identidades territoriais, questões de "deslocalização", "des-territorialização"... Corporativismos à parte, só lamento que muitas destas questões geográficas estejam sendo abordadas mais (e muitas vezes melhor) por não geógrafos. A quantidade de autores que trabalham com concepções geográficas, hoje, já é tão vasta que às vezes não conseguimos mais distinguir o trabalho do geógrafo do de outros cientistas sociais ou da área ambiental. Também nunca fomos tão requisitados pela mídia. Embora esta seja uma faca de dois gumes, é o melhor sintoma de que nosso ponto de vista é, e muito, relevante. Para completar, tivemos um dos maiores intelectuais da atualidade no Brasil. A importância de Milton Santos para retirar de muitos geógrafos um certo complexo de inferioridade e para difundir uma teoria do espaço gestada no Terceiro Mundo só será devidamente avaliada daqui a algum tempo. A propósito, a qualidade da produção intelectual dos geógrafos brasileiros nos anos 90 deve ser enfatizada. Nunca publicamos tanto e com um nível tão bom. Só espero que continuemos abrindo portas no diálogo com outras áreas. É fundamental, neste momento, o intercâmbio de perspectivas. Nunca nossas questões se cruzaram tanto: praticamente abrimos, no Brasil, debates como o da globalização e o de uma certa geopolítica, hoje amplamente discutidos. Com relação à atuação profissional do geógrafo, infelizmente, embora com a minha carteira do CREA, nunca atuei como geógrafo profissional, a não ser numa breve assessoria a um trabalho do IBGE. Mas não percebo esta dicotomia que muitos veem entre o geógrafo "acadêmico" e o "profissional" ou técnico. Durante muito tempo, nós, "geógrafos críticos", tivemos um certo preconceito com relação aos que lidavam com a técnica, com a "Geografia prática" ou aplicada. O preço que pagamos foi, por exemplo, a voz e a representatividade que temos hoje junto ao CREA. Mas felizmente parece que está mudando. Assim como a AGB, cuja história ainda precisa ser contada. Uma associação de professores ou de geógrafos, de estudantes ou de acadêmicos, de graduandos ou de pós-graduandos? Até estas dicotomias nós alimentamos. Ainda precisamos aprender a ser mais solidários e conviver mais com a diversidade de posições. Já gastamos muita energia em disputas e lutas internas, menores. O geógrafo com uma entidade forte, una, com certeza terá ainda muito maior atuação e visibilidade. A atuação do geógrafo junto às empresas privadas ainda aparece como uma "venda ao capitalismo". Como se só pudéssemos ser críticos e sobreviver dignamente do "lado de fora" do sistema. Precisamos estimular nossa atuação em vários níveis – ou escalas, se preferirem. Há várias possibilidades para ampliar o trabalho do geógrafo, inclusive junto a ONGs. Mas elas muitas vezes nem conhecem nossas capacidades. O "geógrafo que faz", incluindo aí o que faz muito trabalho de campo, parece ainda se sentir inferiorizado frente ao "geógrafo que pensa", como se a tão falada divisão do trabalho manual-intelectual fosse não só corroborada mas também hierarquizada, como nos velhos tempos. Para a nossa satisfação, é cada vez maior o número de geógrafos que, ao mesmo tempo, "fazem e pensam" geografia, ou vice-versa.

(...)

*Ao observar a sua obra, percebe-se que você começou com estudos sobre o Rio Grande do Sul (livros e disserta-*

*ção de mestrado), depois passou para "Blocos Internacionais de Poder" e mais tarde desenvolveu discussões em livros, artigos e tese de doutorado sobre temas específicos (inclusive a China), sobre modernidade e pós-modernidade, globalização/fragmentação/exclusão, gaúchos no Nordeste, gaúchos para além-fronteiras etc. Como você vivencia esta articulação global/local, tão clara em sua obra?*

Ouvindo esta lista, parece que sou bastante eclético. A verdade é que duas grandes linhas atravessam este percurso acadêmico: em nível teórico, os conceitos de região e regionalização, nas múltiplas conexões local/regional/global; num nível mais empírico, aquilo que eu poderia denominar a saga dos gaúchos. Dos latifundiários da região da Campanha (mestrado) aos migrantes da "rede regional gaúcha" pelo Brasil (doutorado), eu agora pesquiso os brasileiros (a maioria gaúchos) nos vizinhos do Prata. Este é, posso dizer, o eixo do meu trabalho: a questão regional (em sua pretensão integradora) vista a partir das idas e vindas dos gaúchos, sulistas. Em meio a este trabalho mais aprofundado, tive alguns "passatempos", eu diria, como aquelas viagens da infância, porém agora muito mais concretas. "Blocos Internacionais de Poder" foi produto de minhas aulas de Geografia Regional e que me levou a partir daí a viajar e conhecer de perto a Europa Oriental, a China (dois meses em duas viagens), a Rússia, o Marrocos, México/Chiapas... Dá pra perceber que o fascínio pela alteridade continua firme, e não dissocio nunca a minha experiência de vida do meu trabalho – parece haver uma simbiose entre os dois. (...) Se há uma articulação global/local, e vice-versa, é aquela que fazemos concreta e cotidianamente no nosso trabalho. Num mundo de mudanças tão rápidas e imprevisíveis, devemos, mais do que nunca, valorizar tanto o debate teórico quanto a vivência empírica. Não mergulhar no "espaço vivido" é se furtar à fonte primeira das mudanças. E o global ainda é muito mais o cotidiano da elite gerencial-financeira, fração mínima da população do planeta, no máximo o intercâmbio acadêmico e internáutico, e não a realidade concreta vivenciada no cotidiano da maior parte da população, os excluídos de todos os matizes.

*No livro* Des-territorialização e Identidade – a rede "gaúcha" no Nordeste, *sua tese de doutorado, o professor Milton*

*Santos, no elogioso prefácio, afirma que o referido trabalho descreve a saga de duas regiões que se encontram. Fale-nos um pouco dessa perspectiva. Como se dá este "encontro"?*

É importante lembrar que o professor Milton afirma que, "grosseiramente", podemos falar, enquanto "metáfora", de duas regiões que se encontram. Na verdade são dois grupos sociais com duas formas de regionalismo e, sobretudo, de identidade regional, que se encontram. Acontece que o gaúcho, ou melhor, o sulista – pois no Nordeste todo sulista vira gaúcho, daí o "gaúcho" entre aspas no título do livro – parece levar consigo o seu território. Parece, pois o que ocorre é que, como ele é um migrante muito cioso da sua origem, valorizada por ele sempre de modo muito positivo, frente aos outros grupos sociais, o sulista acaba reproduzindo arremedos de territórios gaúchos nas áreas onde se estabelece, não raro com formas explícitas de segregação. Tenta manter suas tradições, seu sotaque muda muito pouco, tenta tomar o poder político ou formar novos municípios sobre os quais tenha domínio, acaba fundando Centros de Tradições Gaúchas (uma rede enorme, hoje, no interior do país), quando capitalista ou cooperativado mantém laços empresariais com o Sul, enfim, desenha-se aquilo que eu denominei não uma região sulista fora do Sul, até porque seriam áreas muito fragmentadas, mas uma "rede regional" formada por estes múltiplos laços com a região de origem. Alguns grupos migram e se integram com relativa facilidade aos territórios para onde vão. Os sulistas, ao contrário dos nordestinos, acabam sendo muito mais regionalistas (ou bairristas, se quiserem), provavelmente por prevalecer, entre os migrantes, classes mais ricas ou classes médias que valorizam muito sua origem europeia e seu papel de agentes modernizadores, principalmente em relação à cultura da soja. Uma questão que eu levanto no meu trabalho é o que aconteceria com estes migrantes, geralmente classe média, com valores muito arraigados, política e moralmente mais conservadores, se eles ao invés de se dirigirem para estas áreas rurais ou pequenas cidades tidas por eles como atrasadas, onde é mais fácil impor seu domínio e mesmo sua cultura, se dirigissem para as grandes metrópoles mais cosmopolitas e onde estes valores mais tradicionais poderiam, a todo momento, ser postos em questão. É verdade que também podem se formar guetos extremamente reacionários no interior das metrópoles, mas que as grandes cidades "assustam" a maior parte destes migrantes, geralmente provenientes do campo ou das cidades do interior dos estados do Sul, isto é uma verdade. Caberia também discutir as diferentes formas de integração e de segregação entre sulistas e baianos, sulistas e paraenses, sulistas e mato-grossenses, pois em cada contexto social e ecológico há comportamentos variáveis. O sulista que migrou para o Mato Grosso, por exemplo, por uma série de razões, acabou reproduzindo lá espaços muito semelhantes aos que deixara no Sul, mesmo num contexto ecologicamente bastante diverso. Cidades como Canarana, que tem uma cuia de chimarrão como monumento na entrada da cidade, e Primavera do Leste, que tem até sua Festa da Uva e um intenso movimento tradicionalista gaúcho, são localidades em que os sulistas se sentem "em casa" (...) Um Centro de Tradições Gaúchas que visitamos em Santa Rita, no Paraguai, encontra-se vinculado à Região Tradicionalista de Guarapuava, no Paraná. É como se o gauchismo agora estivesse estendendo sua área cultural para dentro dos vizinhos do Prata, quase que invertendo a direção anterior, já que as raízes mais fortes desta cultura estavam no Pampa argentino-uruguaio.(...)

*Em seu doutorado você passou muito tempo na França. Como se percebeu ao ter contatos diretos com a sua bibliografia "ao vivo" ? Que limitações encontrou? Como este outro momento marcou sua vida profissional?*

Um ano não foi tanto tempo assim. Mas foi uma espécie de divisor d'águas no meu trabalho, pra não dizer na minha vida. A coorientação do professor Jacques Lévy e a participação no seu grupo de estudos foi de extrema importância. Ele é um dos geógrafos franceses mais criativos, sérios e preocupados com uma teoria do espaço. Na Geografia, tive contatos mais rápidos com os professores Yves Lacoste e Paul Claval, e assisti a um curso inteiro do professor Augustin Berque, surpreendente descoberta (...), da qual até hoje tiro bons frutos na perspectiva da Geografia Cultural (...). A maioria dos cursos que frequentei foi fora da Geografia: na Filosofia – as aulas sempre instigantes do professor Castoriadis, uma das quais João Rua compartilhou comigo, nosso mestre comum; na Antropologia – um curso sobre Espaço e Identidade com Marc Augé, que na ocasião escrevia seu livro sobre os "Não Lugares", e na Sociologia – o curso de Alain Touraine sobre modernidade e o curso de Pierre Bourdieu, no Collège de France. Devo ao professor Milton Santos e ao meu orientador Dieter Heidemann o estímulo maior para esta temporada na França. Além da guinada intelectual, ela serviu como uma tremenda experiência de vida, percebendo *in loco* a disciplinarização tão produtiva (produtivista, às vezes), o grau de individualismo e as dificuldades "humanas" dos países ditos centrais, valorizando mais, assim, determinados pontos da nossa cultura que se revelam mais ricos vistos de fora, desde a nossa música até as nossas demonstrações de afetividade, mas também percebendo muito mais a posição periférica a que eles nos relegam, geralmente diluindo-nos numa pretensamente homogênea América Latina. E o preconceito – basta lembrar um fato curioso, quando estava tentando alugar apartamento, uma proprietária afirmou, sem maiores discussões, que como eu era brasileiro, ela não alugava, pois eu fazia muita festa. Por outro lado, muitas vezes cobravam de mim uma identidade que eu nem sabia que tinha, e que incluía fazer feijoada, caipirinha, dançar samba e jogar futebol. Também valeu muito, em termos acadêmicos, a participação nas conferências promovidas pelo Centro de Estudos do Brasil Contemporâneo, na Maison des Sciences de l'Homme, do grupo do professor Ignacy Sachs, onde tive o privilégio de participar também como palestrante. Aprendi a dar outro valor a intelectuais que ousaram propor uma leitura "brasileira" de grandes questões, tanto os que passaram ao vivo por lá, como Celso Furtado, Alfredo Bosi e Roberto DaMatta, como os que passavam com frequência no âmbito das ideias, como Gilberto Freyre, Sérgio Buarque de Hollanda e Raimundo Faoro. Das decepções nos cursos, talvez as mais intrigantes tenham sido o formalismo das aulas, geralmente uma conferência de quase duas horas, e a ausência ou menosprezo ao debate, exatamente o oposto do nosso ambiente carioca, demasiado solto, muitas vezes. (...)

*Como você definiria a complexidade do mundo atual? Teria um novo papel o regionalismo/localismo dentro de um mundo globalizado?*

É difícil sintetizar uma resposta a estas questões. Primeiro porque a instabilidade, a incerteza e a imprevisibilidade são uma marca da nossa era dita, simplificadamente, global. De tal forma que até mesmo novas correntes teóricas incorporam esses princípios – da incerteza, da complexidade. Correm paralelas, talvez de uma forma nunca vista com esta intensidade, formas de integração planetária, fluxos instantâneos de um canto ao outro do mundo e formas de exclusão das mais violentas, com novas formas ao mesmo tempo de servidão e do mais completo esquecimento. Massas enormes de refugiados são o símbolo maior do que eu chamei aglomerados humanos de exclusão, estes seres humanos supérfluos que ainda assim, muitas vezes, revelam uma criatividade extraordinária de sobrevivência. Eles são um produto e ao mesmo tempo contribuem para a complexidade do mundo. Geram novos dualismos, mas que nunca são totalmente duais porque todos, mais do que nunca, estão "sob o mesmo teto", e o planeta se revela pequeno, não apenas pelos efeitos da globalização financeira via tecnologia informacional, mas também pelos dilemas ecológicos que afetam o planeta como um todo. Nossos instrumentos teóricos para compreender este mundo ainda são muito frágeis. Não é à toa que desde os anos 80 vivemos a era dos "pós": pós-industrialismo, pós-modernismo, pós-fordismo, pós-socialismo (como se ele tivesse se realizado um dia), sintoma mais evidente de que, como dizia Gramsci, o velho está morrendo e o novo ainda não conseguiu nascer. Como entender um espaço que se dissocia e se conecta ao mesmo tempo? A antiga lógica espacial, em que os principais sujeitos desenhavam superfícies ou áreas contínuas, e que nos permitia visualizar "regiões" relativamente coerentes e coesas, parece cair por terra, ou melhor, a ela se mesclam lógicas ditas reticulares, ou seja, de redes, que podem ser representadas simplesmente por pontos e linhas que muitas vezes são fluxos imateriais que produzem efeitos de um túnel, excluindo de sua influência imensas áreas que se transformam em simples espaços-passagem. O mundo pode ser visto como um conjunto de mosaicos ao qual se sobrepõem infinitas linhas, de várias densidades e "cores" (conteúdos), reunidas aqui e ali em polos onde se dá a conexão partilhada por parcelas restritas da população. Na geografia regional, sugere-se uma mudança de escala. A região, antes um espaço imediatamente abaixo do Estado-nação, frente ao qual se definia, torna-se agora "local", e é definida por processos que se dão diretamente em relação ao espaço global, muitas vezes prescindindo ou menosprezando as relações com o Estado. O problema é que as antigas formas regionais não desapareceram. Alguns regionalismos e identidades regionais são até estimulados pela globalização, tanto como resistências à (relativa) homogeneização global quanto como modos de estimular novas formas de consumo. Vide a retomada dos regionalismos na Europa e em tantos países da chamada periferia. Agora não só os lugares a um nível geograficamente mais estrito, como os municípios, batalham para ser os "eleitos" dentro da seleção competitiva global, mas também espaços mais amplos, como as regiões no sentido mais tradicional, dialogam diretamente com os circuitos econômicos globalizados, na esperança de também serem as escolhidas. Assim, podemos ter, lado a lado, dentro de uma mesma cidade ou região, áreas completamente globalizadas, com alta densidade técnico-informacional, como diria Milton Santos, e áreas completamente marginalizadas, com baixíssima densidade técnico-informacional. O que une estes espaços é muitas vezes um conjunto de símbolos como os do consumismo, os quais até mesmo os mais excluídos veneram, a não ser que caiam nas mãos intransigentes de religiosos fundamentalistas, estes contraglobalizadores por excelência que, no seu conservadorismo, ainda conseguem proporcionar algum valor à vida dos excluídos.

*Por fim, que conselhos daria para um jovem geógrafo que desejasse trabalhar na linha dos estudos regionais?*

Sou muito suspeito para dar conselhos na área de estudos regionais. Envolvido profundamente, não só intelectual mas também emocionalmente, naquilo que faço, acho que o único conselho a dar é que, quem está começando, se dedique à Geografia colocando lado a lado sentimento e razão. Esta separação entre razão e sensibilidade foi ou é a nossa mais infeliz dicotomia. A Geografia que até hoje mais dialogou e marcou nossa interlocução com outras áreas foi a geografia regional ao estilo lablacheano, onde o geógrafo não só buscava explicações racionais para entender o mundo como se jogava de corpo e alma naquilo que fazia, tanto no trabalho de campo quanto no de gabinete. Há alguns anos eu tentei sintetizar estas ideias num artigo, "Território, poesia e identidade", publicado pela revista Espaço e Cultura [e como último capítulo deste livro]. Enxergar apenas o espaço técnico, racionalizado, utilitarista, e lutar contra ele apenas com estas armas é entrar no mesmo jogo dos poderosos. Nosso contrapoder está também nas formas afetivas com que nos relacionamos e que recolocam em outro patamar as relações dos homens em sociedade e, concomitantemente, dos homens no território. Temos uma parafernália tecnológica, hoje, mesmo nos estudos regionais, ainda pouco explorada, e que por isto mesmo seduz muito. Mas não se deixem levar pelo fascínio dos computadores. A Geografia real e a mais estimulante é aquela que se dá nas ruas, nas favelas, nos acampamentos de sem-terra, nas "novas fronteiras", no embate de diferentes classes e de diferentes identidades culturais. Os estudos regionais, reavaliados à luz dos processos contemporâneos, especialmente os de globalização, com certeza são um vasto campo a ser explorado pelo geógrafo que ainda acredita nas possibilidades efetivamente integradoras e multidimensionais da geografia.

# REFERÊNCIAS

ABREU, M. *Evolução urbana do Rio de Janeiro*. Rio de Janeiro: IPLAN/Zahar, 1987.

ALLIÈS, P. *L'invention du territoire*. Grenoble: Press Universitaires, 1980.

APPADURAI, A. Soberania sem territorialidade: notas para uma Geografia pós-nacional. *Novos Estudos CEBRAp*, São Paulo, n. 49, nov. 1997.

AUBERTIN, C. (Org.). *Fronteiras*. Brasília, DF: Ed. da UnB; Paris: ORSTOM, 1988.

AUGÉ, M. *Non-lieux*: une introduction à une anthropologie de la surmodernité. Paris: Seuil, 1992. (ed. brasileira: *Não Lugares: introdução a uma antropologia da supermodernidade.* Campinas, Papirus. 1994)

BADIE, B. *La fin des territoires*. Paris: Fayard, 1995.

BAREL, Y. Le social et ses territoires. In: Auriac e Brunet (Coord.). *Espaces, jeux et enjeux*. Paris: Fayard-Diderot, 1986.

BAUDRILLARD, J. *América*. Rio de Janeiro: Rocco, 1986.

________. *Modernidade* (verbete) In: ENCICLOPÉDIA Universalis. Paris: Production Rhamnales, 1989.

BAUMAN, Z. *Globalização*: as consequências humanas. Rio de Janeiro: J. Zahar, 1999a.

________. *Modernidade e Ambivalência*. Rio de Janeiro: J. Zahar. 1999b.

BECK, U. *O que é globalização? Equívocos do globalismo, respostas à globalização.* Rio de Janeiro, Paz e Terra, 1999.

BECKER, B. et al. *Tecnologia e gestão do território*. Rio de Janeiro: Ed. da UFRJ, 1988.

BELL, D. *O advento da sociedade pós-industrial*. São Paulo: Cultrix: Marketing, 1977.

BENJAMIN, W. A Paris do Segundo Império em Baudelaire. In: KOTHE, F. (Org.). *W. Benjamin*. São Paulo: Ática, 1985.

BENKO, G. *Economia, espaço e globalização*: na aurora do século XXI. São Paulo: HUCITEC, 1996.

BERMAN, M. *Tudo que é sólido desmancha no ar*: a aventura da modernidade. São Paulo: Companhia das Letras, 1987.

BERQUE, A. *Les raisons du paysage*. Paris: Hazan, 1995.

________. *Médiance: de milieu en paysages*. Montpellier: GIP-Reclus, 1990.

________. Milieu, trajet de paysage et déterminisme géographique. *L'Espace Géographique*, Paris, n. 2, p. 99-104, 1985.

BIDET, J. *Théorie de la modernité (suivi de Marx et le marché)*. Paris: PUF, 1990.

BONNEMAISON, J. Voyage autour du territoire. *L'Espace Géographique*, Paris, n.4, 1981.

BONNEMAISON, J. e CAMBREZY, L. Le lien territorial: entre frontières et identités. *Géographies et Cultures* (Le Territoire) n. 20 (inverno). Paris, L'Harmattan-CNRS, 1996.

BOSI, A. *Dialética da colonização*. São Paulo: Companhia das Letras, 1990.

BRAUDEL, F. *A identidade da França*: espaço e história. Rio de Janeiro: Globo, 1989.

________. *Escritos sobre a História*. São Paulo: Perspectiva, 1978.

________. *História e Ciências Sociais*. Lisboa: Presença, 1976.

BRUNEAU, M. *Diasporas*. Montpellier: GIP Reclus, 1995.

BRUNET, R.; FERRAS, R.; THÉRY, H. *Les mots de la Géographie*: dictionnaire critique. Montpellier: Reclus, Paris: La Documentation Française, 1992

CAPEL, H. Positivismo y antipositivismo en la ciencia geográfica: el ejemplo de la Geomorfología. *Geocrítica*, Barcelona, n. 43, jan. 1983.

CARDOSO, F. H. *Capitalismo e escravidão no Brasil Meridional*. Rio de Janeiro: Paz e Terra, 1977.

CASTELLS, M. *The rise of the network society* (Informational Age I). Oxford: Blackwell, 1996. (ed. brasileira: *A sociedade em rede*. Rio de Janeiro, Paz e Terra, 1999)

CASTORIADIS, C. *A instituição imaginária da sociedade*. Rio de Janeiro: Paz e Terra. Terra, 1982.

CERTEAU, M. *A invenção do cotidiano*. 2. Morar, cozinhar. Petrópolis, Vozes, 1997.

CHÉDEMAIL, S. *Migrants internationaux et diasporas*. Paris: Armand Colin, 1998.

CORRÊA, R. L. *Região e organização espacial*. São Paulo: Ática, 1986.

COSGROVE, D. Mundos de significados: geografia cultural e imaginação. In: Corrêa, R. e Rosendhal, Z. *Geografia Cultural: um século (2)*. Rio de Janeiro, EdUERJ, 2000.

DARDEL, E. *L'homme et la terre*. Paris: CTHS, 1990.

DELEUZE, G.; GUATTARI, F. *L'Anti-Edipe*. Paris: Editions du Minuit, 1972.

DELEUZE, G.; GUATTARI, F. *Qu'est-ce que la philosophie?* Paris: Editions du Minuit, 1991.

DOMENACH, J. *Approches de la modernité*. Paris: École Polytechnique, 1996.

DRUCKER, P. *Sociedade pós-capitalista*. São Paulo: Pioneira, 1993.

DUARTE, A. Regionalização: considerações metodológicas. *Boletim de Geografia Teorética*, Rio Claro, v. 10, n. 20, 1980.

DUMONT, L. *O individualismo*: uma perspectiva antropológica da ideologia moderna. Rio de Janeiro: Rocco. 1985.

DUPUY, C. (Dir.). *Réseaux territoriaux*. Caen: Paradigme. 1988.

ENZENSBERGER, H. *Guerra civil*. São Paulo: Companhia das Letras, 1995.

ETGES, V. A paisagem agrária na obra de Leo Waibel. *Revista Geographia* n. 4, vol. 2. Niterói, Departamento de Geografia. 2000.

FERRATER MORA, J. *Dicionário de Filosofia*. Lisboa: Dom Quixote, 1982.

FISCHER, L. *Um passado pela frente*: poesia gaúcha ontem e hoje. Porto Alegre, Ed. da Universidade. 1992.

FOUCAULT, M. *Vigiar e punir*. Petrópolis, Vozes, 1979b.

________. *Microfísica do poder*. Rio de Janeiro: Graal, 1979a.

FRÉMONT, A. *A região, espaço vivido*. Coimbra: Almedina. 1980.

GIDDENS, A. *As consequências da modernidade*. São Paulo: Ed. da UNESP. 1991.

________. Modernism and post-modernism. Milwaukee: University of Wisconsin, 1981. (New German critique, n. 22).

GOLDFINGER, C. *La Géofinance*. Paris: Seuil, 1986.

GOMES, P. C. *As razões da região*. 1988. Dissertação (Mestrado) - Universidade Federal do Rio de Janeiro, Rio de Janeiro, 1988.

________. *Geografia e modernidade.* Rio de Janeiro: Bertrand Brasil. 1996.

________. ; HAESBAERT, R. O espaço na modernidade. *Terra Livre*, São Paulo: AGB/Marco Zero, 1988.

GORZ, A. Entrevista ao jornal *Le Monde*, Paris, p. 2, 14 abr.1992.

GUATTARI, F. Espaço e poder: a criação de territórios na cidade. *Espaço e Debates*, n. 16, ano V. São Paulo: Cortez, 1985.

________. Paradigma de todas as submissões ao sistema. *Leia*. São Paulo: Juruês, junho, p. 18, 1986.

GUATTARI, F.; ROLNIK, S. *Micropolítica*: cartografias do desejo. Petrópolis: Vozes, 1986.

HABERMAS, J. *Théorie de l'agir communicationnel*. Paris: Fayard, 1981.

________. *O discurso filosófico da modernidade*. Lisboa: Dom Quixote, 1990.

HAESBAERT, R. Territórios Alternativos. *Jornal do Brasil*, Rio de Janeiro, 1987. Caderno Ideias.

________. *RS: Latifúndio e identidade regional*. Porto Alegre: Mercado Aberto, 1988.

________. Filosofia, Geografia e crise da Modernidade. *Terra Livre*, n. 7, p. 63-92, São Paulo: AGB-Marco Zero. 1990.

________. Baianos & gaúchos. *Tribuna da Bahia*, Salvador, p. 4, 24 jul. 1991.

________. *Blocos Internacionais de poder*. São Paulo: Contexto, 1993a.

________. Escalas espaçotemporais: uma introdução. *Boletim Fluminense de Geografia,* Niterói, n. 1, 1993b.

HAESBAERT, R. O mito da desterritorialização e as regiões-rede. *Anais do 5º Encontro Brasileiro de Geógrafos*. Curitiba, Assoc. dos Geógrafos Brasileiros. 1994.

________. *"Gaúchos" no Nordeste: modernidade, des-territorialização e identidade*. Tese (Doutorado). Universidade de São Paulo, 1995a.

________. Desterritorialização: entre as redes e os aglomerados de exclusão. In: Castro, I. et al. (Org.). *Geografia*: conceitos e temas. Rio de Janeiro: Bertrand Brasil, 1995b.

________. O binômio território-rede e seu significado político-cultural. *A geografia e as transformações globais: conceitos e temas para o Ensino (Anais)*. Rio de Janeiro, UFRJ, p. 31-43. 1995c.

________. *Des-territorialização e identidade: a rede "gaúcha" no Nordeste*. Niterói: EdUFF, 1997.

________. (Org.). *Globalização e fragmentação no mundo contemporâneo*. Niterói: EdUFF, 1998a.

________. Des-conexão urbana e regional na periferia da periferia de um mundo globalizado. *Livro de Resumos, Encontro Internacional Redes e Sistemas: ensinando sobre o urbano e o regional* (uma homenagem a Michel Rochefort). São Paulo: USP. Caderno de Resumos. 1998b.

________. Região, diversidade regional e globalização. *Revista Geographia* n. 1, vol, 1. Niterói, Departamento de Geografia. 1999.

HARTSHORNE, R. *The Nature of Geography*. Washington, Association of American Geographers. 1939.

HARVEY, D. *Condição pós-moderna*. São Paulo: Loyola, 1992.

HIRST, P.; THOMPSON, G. *Globalização em questão*. Petrópolis: Vozes, 1998.

HEANEY, S. La poésie, le redressement. *Courrier International*, Paris, n. 261, 2 a 8 nov. 1995 (traduzido do jornal *The Guardian*).

HEGEL, G. *Vida e obra*. São Paulo: Nova Cultural, 1988. (Os pensadores, v. 1).

HENDERSON e CASTELLS, M. (ed). *Global restructuring and territorial development*. Beverly Hills, California: Sage, 1987.

HISTÓRIA do Pensamento. São Paulo: Nova Cultural, 1987.

HOBSBAWM, E. Barbárie: o guia do usuário. In: SADER, E. (Org.). *O mundo depois da queda*. Rio de Janeiro: Paz e Terra, 1995.

HOLLANDA, S. B. *Novo Dicionário Aurélio da Língua Portuguesa*. Rio de Janeiro: Nova Fronteira, 1986.

HUYSSEN, A. Cartografía del postmodernismo. In: PICÓ, J. (Org.). *Modernidad y postmodernidad*. Madrid: Alianza Editorial, 1988.

IANNI, O. *A sociedade global*. Rio de Janeiro: Civilização Brasileira, 1992.

JAMESON, F. *El posmodernismo o la lógica cultural del capitalismo avanzado*. Barcelona: Paidós, 1991.

JAPIASSU, H. *Introdução ao pensamento epistemológico. 4.* ed. Rio de Janeiro: F. Alves (4a. ed.), 1986.

KOSIK, K. *A dialética do concreto*. Rio de Janeiro: Paz e Terra, 1976.

KUMAR, K. *Da sociedade pós-industrial à pós-moderna*. Rio de Janeiro: J. Zahar, 1996.

KURZ, R. *O colapso da modernização*. Rio de Janeiro: Paz e Terra, 1992.

LACOSTE, Y. *A Geografia, isso serve, em primeiro lugar, para fazer a guerra*. Campinas: Papirus, 1988.

________. Braudel geógrafo. In: LACOSTE, Y. (Org.). *Ler Braudel*. Campinas: Papirus, 1989.

________. *Estratégias do delta do Rio Vermelho*. (trad. livre: Flora E. N. Queiroz) Datil. s/d, (original francês: Unité et diversité du Tiers Monde. Paris: Maspero, 1980)

LAÏDI, Z. *Un monde privé de sens*. Paris: Fayard, 1994.

LALANDE, A. *Vocabulário Técnico e Crítico da Filosofia*. São Paulo: Martins Fontes, 1993.

LASH, S. *Sociology of postmodernism*. Londres, N.York: Routledge, 1990.

LEFEBVRE, H. *Lógica formal, lógica dialética.* Rio de Janeiro: Civilização Brasileira, 1979.

________. *La production de l'espace*. Paris: Anthropos, 1986.

LE GOFF, J. *Histoire et mémoire* (item 6.2. Modernisation). Paris: Gallimard, 1988.

________. "Tempos longos, tempos breves: perspectivas de investigação". In: *O maravilhoso e o cotidiano no Ocidente Medieval*. Lisboa: Edições Setenta, 1985.

LÉVY, J. A-t-on encore (vraiment) besoin du territoire? *Espaces Temps*, Paris, n. 51/52, 1993.

LÉVY, J. et al. (Org.) *Le Monde*: espaces et systemes. Paris: Presses de la Fondation des Sciences Politiques e Dalloz, 1992.

LÉVY, P. *Uma ramada de neurônios. Folha de* S. *Paulo*, São Paulo, 15 nov. 1998. Caderno Mais, p. 3.

________. *Cibercultura*. São Paulo, Ed. 34. 1997.

LIMONAD, E. Cidades: do lugar ao território. Campinas: *III Seminário de História da Cidade e do Urbanismo.* FAU – Pontifícia Universidade Católica de Campinas, 1998.

LIPIETZ, A. *O capital e seu espaço.* São Paulo: Nobel, 1988.

LOPARIC, Z. Heidegger e a questão da culpa moral. Folhetim. *Folha de S. Paulo*, São Paulo, 25 mar. 1989.

LYOTARD, F. *O pós-moderno.* Rio de Janeiro: J. Olympio, 1986.

MAFFESOLI, M. *O tempo das tribos*: o declínio do individualismo nas sociedades de massa. Rio de Janeiro: Forense Universitária, 1987.

MA MUNG, E. *Autonomie, migrations et alterité*: dossier pour l'obtention de l'habilitation à diriger des recherches. Poitiers: Migrinter, 1999.

MANDEL, E. *O capitalismo tardio.* São Paulo: Nova Cultural, 1982. (Os economistas).

MARTUCCELLI, D. *La question du social.* 1992. Tese (Doutorado) – EHESS, Paris, 1992.

MARX, K.; ENGELS, F. *A ideologia alemã.* Lisboa: Avante, 1981.

MASSEY, D. Um sentido global do lugar. In: Arantes, A . (org.) *O Espaço da diferença.* Campinas: Papirus, 2000.

MENDOZA, J. et al. *El pensamiento geográfico.* Barcelona: Alianza, 1982.

MONTEIRO, C. A. Travessia da crise (tendências atuais na Geografia). *R. Brasileira de Geografia*, Rio de Janeiro, n. 50, t. 2, 1988.

MORAES, A. C. *Geografia*: pequena história crítica. São Paulo: Hucitec, 1982.

MORAES, A. C. *Ideologias geográficas*. São Paulo: Hucitec, 1988.

MOREIRA, R. *O discurso do avesso* (para a crítica da Geografia que se ensina). Rio de Janeiro: Dois Pontos, 1987.

MOREIRA, R. Da região à rede e ao lugar (a nova realidade e o novo olhar geográfico sobre o mundo). *Ciência Geográfica*, Bauru, n. 6, 1997.

MORIN, E.; KERN, A. B. *Terre-Patrie*. Paris: Le Seuil, 1993 (ed. brasileira: *Terra Pátria*. Porto Alegre: Sulina, 1996)

NERUDA, P. *Geografía Infructuosa.* Buenos Aires: Losada, 1972.

O'BRIEN, R. *Global Finantial Integration*: the end of Geography. New York: The Royal Institute of International Affairs, 1992.

OHMAE, K. *O fim do Estado-nação e a ascenção das economias regionais*. Rio de Janeiro: Campus, 1996.

OLIVEIRA, A. Espaço e tempo: compreensão materialista e dialética. In: SANTOS, M. (org.) *Novos rumos da geografia brasileira*. São Paulo: Hucitec, 1982.

OLIVEN, R. São Paulo, o Nordeste e o Rio Grande do Sul. *Ensaios FEE*, Porto Alegre, ano 14, n. 2, 1993.

ORTIZ, R. *A mundialização da cultura*. São Paulo: Brasiliense, 1994.

PAZ, O. *O arco e a lira*. Rio de Janeiro: Nova Fronteira, 1982.

________. *O labirinto da solidão e post-scriptum*. Rio de Janeiro: Paz e Terra, 1984 .

________. *Los hijos del limo*. Barcelona: Seix Barral, 1989a.

________. A voz do tempo. *Folha de S. Paulo*, São Paulo, 19 novo, 1989b.

PENNA, M. *O que faz ser nordestino*. São Paulo: Cortez, 1992.

PICÓ, J. (Org.). *Modernidad y postmodernidad*. Madrid: Alianza Editorial, 1988.

POCHE, B. "La région comme espace de référence identitaire". *Espaces et Sociétés,* n. 42, p. 3-12, jan.-jun. 1983.

POULANTZAS, N. *O Estado, o poder, o socialismo.* Rio de Janeiro: Graal, 1980.

PRADO JUNIOR, C. *O que é filosofia.* São Paulo: Brasiliense, 1984.

RAFFESTIN, C. Repères sur une theorie de la territorialité humaine. In: DUPUY, G. (Dir.). *Réseaux territoriaux*. Caen: Paradigme, 1998.

________. *Por uma geografia do poder*. S. Paulo: Ática, 1993.

RAMOS, C. A. História e reificação temporal. *História – questões e debates,* Curitiba, v. 2, n. 2, 1981.

RANDOLPH, R. *Novas redes e novas territorialidades*. Trabalho apresentado no 3º Seminário Nacional de Geografia Urbana, Rio de Janeiro, AGB-UFRJ, set. 1993.

________. Comunicação: redes e novas espacialidades. Rio de Janeiro: *Workshop Internacional: Comunicação, Espaço e Novas Formas de Trabalho.* IPPUR/UFRJ e CFCH/UFRJ, 1997.

RATZEL, F. Geografia do Homem (Antropogeografia). In: MORAES, A.C. (Org.). *Ratzel*. São Paulo: Atica, 1990.

RESENDE, A. (Org.). *Curso de Filosofia*. Rio de Janeiro: Zahar/SEAF, 1986.

RIBEIRO, M.A.; MATTOS, R. B. Territórios da prostituição nos espaços públicos da área central do Rio de Janeiro. *Território*, Rio de Janeiro, v. 1, n. 1, 1996.

ROBERTSON, R. Glocalization: Time-space and homogeneity-heterogeneity. In: FEATHERSTONE, M. et al. (Org.). *Global Modernities*. Londres: Sage, 1995. (traduzido como capítulo de "Globalização: teoria social e cultura global", Petrópolis, Vozes, 2000)

ROUANET, S. P. *As razões do Iluminismo* São Paulo: Companhia das Letras, 1987.

RUFIN, J. C. *L'Empire et les Nouveaux Barbares: Nord-Sud*. Paris: Jean Claude Lattès (col. Pluriel). 1991. (ed. brasileira: *O império e os novos bárbaros*. Rio de Janeiro: Record, s/d).

SACK, R. *Human Territoriality*: its theory and history. Cambridge: Cambridge University Press, 1986.

SALOMON, J. *Le destin technologique*. Paris: Gallimard. Modernidade; Petrópolis, Vozes), 1992.

SANTOS, B. S. *Pela mão de Alice*: o social e o político na pós-modernidade. São Paulo: Cortez, 1995.

SANTOS, C. O conceito de extenso (ou a construção ideológica do espaço geográfico). In: BARRIOS, S. et al. *A construção do espaço*. São Paulo: Nobel, 1986.

SANTOS, J. F. *O que é pós-moderno*. São Paulo: Brasiliense, 1986.

SANTOS, M. *Por uma Geografia nova*. São Paulo: Hucitec, 1978.

________. *Pensando o espaço do homem*. São Paulo: Hucitec, 1982.

________. *Espaço & método*. São Paulo: Nobel, 1985.

________. *Técnica, espaço, tempo*: globalização e meio técnico-científico informacional. São Paulo: Hucitec, 1994.

________. *A natureza do espaço*: técnica e tempo, razão e emoção. São Paulo: Hucitec, 1996.

SAUER, C. A morfologia da paisagem. In: Corrêa, R. e Rosendhal, Z. (Orgs.). *Paisagem, tempo e cultura.* Rio de Janeiro, EdUERJ. 1998.

________. A educação de um geógrafo. *Revista Geographia* n. 4, vol. 2. Niterói, Departamento de Geografia. 2000.

SCHACHAR, A. "A cidade mundial e sua articulação ao sistema econômico global". In: BECKER, B. et al. *Abordagens políticas da espacialidade.* Rio de Janeiro: UFRJ, 1983.

SCHAEFER, F. O excepcionalismo na Geografia: um estudo metodológico. *R. Geografia Teorética*, Rio Claro, v. 7, n. 13, 1977.

SCHERER-WARREN, I. *Redes de movimentos sociais.* São Paulo: Loyola, 1993.

SCOTT, A. *Regions and the World Economy: the coming shape of global production, competition and political order.* Oxford e Nova York, Oxford University Press, 1998.

SILVEIRA, R. M. *O regionalismo nordestino.* São Paulo: Ed. Moderna, 1984.

SOJA, E. *Geografias pós-modernas.* Rio de Janeiro: Zahar, 1993 (1989).

SOUZA, M. O território: sobre espaço e poder, autonomia e desenvolvimento. In: CASTRO, I. et al. (Org.). *Geografia*: conceitos e temas. Rio de Janeiro: Bertrand Brasil, 1995.

________. Espaciologia: uma objeção (crítica aos prestigiamentos pseudocríticos do espaço social). *Terra Livre*, São Paulo, n. 5, 1988.

STORPER, M. Territorialização numa economia global: possibilidades de desenvolvimento tecnológico, comercial e regional em economias subdesenvolvidas. In: LAVINAS, L. et al. (Org.). *Integração, região e regionalismo.* Rio de Janeiro: Bertrand Brasil, 1994.

TOURAINE, A. *Critique de la moderníté*. Paris: Fayard (ed. brasileira: *Crítica da Modernidade*. Petrópolis: Vozes). 1992.

TUAN, Y. *Topofilia*. São Paulo: DI FEL, 1980.

________. *Espaço & lugar*. São Paulo: DIFEL, 1983.

VATTIMO, G. Posmodernidad: una sociedad transparente? In: VATTIMO, G. et al. *En torno a la postmodernidad, 1990.*

VELTZ, P. *Mondialisation, Villes et Territoires*: l'économie d'archipel. Paris: PUF, 1996.

VESENTINI, J. W. Percalços da Geografia crítica: entre a crise do marxismo e o mito do conhecimento científico. *Anais do 4º Congresso Nacional de Geógrafos*, v. 2. São Paulo: AGB, 1984. In: CONGRESSO NACIONAL DE GEÓGRAFOS, 4., 1984, São Paulo. Anais... São Paulo: AGB,1984.

VIDAL DE LA BLACHE, P. *Tableau de la Géographie de la France*. Paris, La Table Ronde, 1994 (1903).

VIRILIO, P. *Guerra pura*. São Paulo: Brasiliense, 1982.

________. Un monde surexposé: fin de l'histoire ou fin de la géographie? *Le Monde Diplomatique*, Paris, p. 17, ago. 1997.

WALLERSTEIN, I. *The modern world system*. Nova York: Academic Press, 1976.

WELLMER, A. La dialéctica de la modernidad y postmodernidad. In: PICO, J. (Org.). *Modernidad y postmodernidad*. Madrid: Alianza Editorial, 1988.

WILDE, O. *O retrato de Dorian Gray*. São Paulo: Abril, 1981.

YOVEL, Y. Entrevista ao jornal. *Le Monde*, Paris, 29 nov. 1991. Supl. Livres, p. 22.

YUDICE, G. O pós-moderno em debate. *Ciência Hoje*, São Paulo, v. 11, n. 62. São Paulo, 1990.